Georges FRANCHE

INGÉNIEUR-MÉCANICIEN

A. & M. — E. C. P.

Manuel de

L'Ouvrier

Mécanicien

DIXIÈME PARTIE

Le Dessin d'Atelier

PARIS

Librairie Bernard TIGNOL

PUBLICATIONS DE LA

LIBRAIRIE de l'ÉCOLE CENTRALE des ARTS et MANUFACTURES

53 bis, Quai des Grands-Augustins, 53 bis

MANUEL

DE

L'OUVRIER MÉCANICIEN

X

Librairie Bernard TIGNOL, 53 bis, quai des Grands-Augustins. — Paris.

MANUEL

DE

L'OUVRIER MÉCANICIEN

PAR

GEORGES FRANCHE

Ingénieur (Arts et métiers — École Centrale des Arts et Manufactures.)

10 VOLUMES IN-16, CARTONNÉS, DOS TOILE
1158 FIGURES DANS LE TEXTE
PRIX : 20 FRANCS

ON VEND SÉPARÉMENT

1re Partie.	— Principes de Mécanique générale .	2 fr.
2e Partie.	— Outils et Machines-outils . . .	2 fr.
3e Partie.	— Forge et Fonderies	2 fr.
4e Partie.	— Engrenages et Transmissions. . .	2 fr.
5e Partie.	— Chaudronnerie.	2 fr.
6e Partie.	— Machines à vapeur	2 fr.
7e Partie.	— Moteurs à gaz.	2 fr.
8e Partie.	— Hydraulique	2 fr.
9e Partie.	— Technique du Tour et du Filetage.	3 fr.
10e Partie.	— Dessin d'atelier	3 fr.

OUVRAGES DU MÊME AUTEUR :

Jet de sable.	6 fr.
Graissage industriel	6 fr.
Accessoires des Chaudières . . .	8 fr.
Habitations à bon marché. . . .	10 fr.
Manuel de Céramique industrielle .	12 fr.

MANUEL

DE

L'OUVRIER MÉCANICIEN

DIXIÈME PARTIE

LE DESSIN D'ATELIER

PAR

GEORGES FRANCHE

(A. et M.) *Ingénieur* (E. C. P.)

AVEC 242 FIGURES DANS LE TEXTE
ET UNE PLANCHE EN COULEURS

PARIS

LIBRAIRIE BERNARD TIGNOL

PUBLICATIONS DE LA

Librairie de l'École Centrale des Arts et Manufactures

53 *bis*, QUAI DES GRANDS-AUGUSTINS

DESSIN D'ATELIER

PREMIÈRE PARTIE
LECTURE DES PLANS

CHAPITRE PREMIER

Définitions et Conventions. — Le but et l'utilité d'un **Plan d'Atelier**, c'est de consigner de façon exacte, complète et *claire*, les dimensions d'un objet quel qu'il soit que l'on veut produire, transformer ou réparer ; quelquefois aussi, le plan d'atelier est un document figuratif remis à l'ouvrier pour lui prescrire une méthode relative au travail qu'il a à exécuter et, généralement en ce cas, il est accompagné d'une notice-guide ; exemples : le tableau des séries de roues que l'on remarque sur les tours à fileter, les instructions pour le traitement et l'emploi des aciers rapides, les usinages d'organes interchangeables.

L'objet à représenter peut être fort simple ou très compliqué ; comporter des formes régulières ou des contours assez tourmentés ; être constitué d'une matière unique : bois, terre cuite, métal, etc. ; ou encore être la combinaison de divers matériaux, assemblés ou liaisonnés selon les

modes les plus variés ; mais il est absolument indispensable, en n'importe quelle circonstance, qu'on trouve sur
le dessin tous les renseignements utiles pour l'approvisionnement, puis pour le travail et même, souvent, pour le
degré de précision de ce travail.

C'est ainsi qu'on mentionnera que telle pièce ou partie de
pièce doit rester brute, qu'elle aura plus ou moins de jeu,
que telle dimension variera à la demande et autres impe-
dimenta.

Comme conséquence de ces observations préliminaires,
le dessin d'atelier sera donc lui-même plus ou moins commode à comprendre, selon qu'il s'agit d'organes faciles à
figurer, à expliquer, et de grandeur d'ailleurs des plus
variées ; ou, au contraire, de machines ou d'installations
complètes avec leurs nombreux détails s'enchevêtrant fréquemment et constituant des sources d'erreurs.

Le dessin d'atelier consiste, dans certains cas, en de
simples croquis ; dans d'autres, il nécessitera l'intervention d'un dessinateur professionnel pour l'étude et la mise
au point d'un ensemble ; néanmoins, quelle qu'en soit la
complexité, il faut qu'en définitive l'ouvrier puisse entreprendre de fond en comble la besogne qui lui est dévolue
sans compter sur personne : ajustage, tour, montage général, fondations, etc., etc., doivent être relatés sur le *projet*
traduit en lignes de convention, de telle sorte qu'on soit
certain de réaliser celui-ci, fût-ce au bout du monde.

Selon leur importance ou leur destination, les *plans* se
font sur papier vulgaire pour les croquis rapides de détail,
sur papier quadrillé, sur calque, sur papier à dessin, sur
papier chimique (bleus), etc., avec ou sans toile de support ; on les exécute au crayon ou à l'encre et certaines
indications, concernant la matière ou le métal prévus, sont
données tantôt par des *teintes*, tantôt par des *hachures*, tan
tôt par des inscriptions avec flèche de renvoi ; le choix

parmi ces diverses façons de s'expliquer dépend uniquement du goût et des besoins des chefs d'industrie (1).

Il est de convention qu'un dessin industriel est une *vue* ou la réunion de plusieurs vues d'un corps solide, tel un objet, une machine, ou parfois la vue démonstrative (le *schéma*) d'un procédé, d'un tour de main, d'une transformation de la matière sous l'un de ses trois états ; ces vues sont le plus généralement prises dans trois directions perpendiculaires entre elles, mais cela n'a rien d'absolu, puisque, dans le cas d'une bride biaise, d'un tiroir incliné, etc., il est indispensable d'en figurer les surfaces selon un plan (géométriquement parlant) qui leur soit parallèle.

La vue d'un organe en dessus, y compris toutes ses particularités, porte le nom de **plan horizontal** ; on dit aussi plan par terre.

Supposons que la pièce soit posée sur un *marbre d'atelier* ; avec une équerre à chapeau (fig. 1), que nous prome-

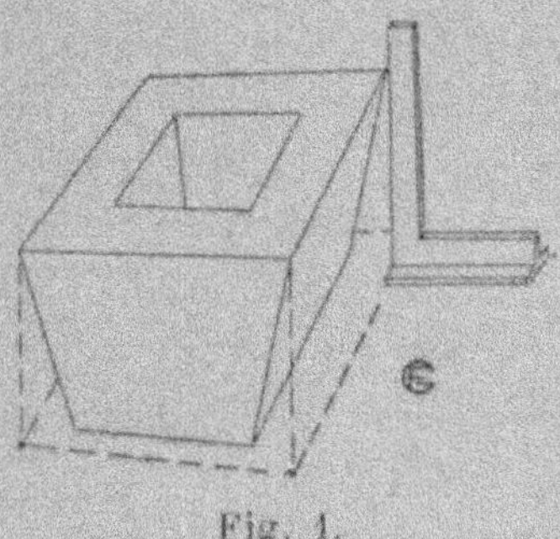

Fig. 1.

nons le long du contour tout en en maintenant le pied sur le marbre, nous descendons chaque ligne, chaque sommet, chaque profil intéressant et, au fur et à mesure, nous

---

(1) Les épures et tracés qui ont comme support : un mur bien dressé, une cloison jointive ou des parquets en bois, une tôle ou une surface métallique plane, etc., sortent à peine du cadre de ce volume ; ce n'est qu'une question de grandeur.

marquons ce cheminement au moyen d'une pointe à tracer.

Revenu au point de départ, nous enlevons la pièce ; nous constaterons alors que nous en avons ainsi obtenu l'aspect extérieur en dessus ; cet objet est, par suite, représenté en plan horizontal ; par la pensée, il est facile de se rendre compte que des parallèles idéales à l'équerre auraient tout aussi bien descendu sur le marbre des points ou des détails intérieurs.

Pour mieux fixer les idées, on peut encore (fig. 2) admettre que le marbre est constitué par un miroir dans lequel se

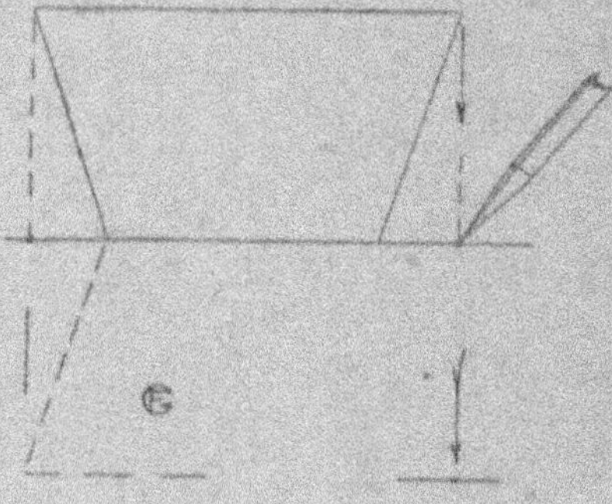

Fig. 2.

reflète la pièce en question ; en le regardant par-dessus, il nous sera donc aisé d'accomplir le même trajet ; notre œil remplacera l'équerre pour amener parfaitement en ligne droite, sur la glace de base : le point réel, la pointe à tracer et le point reflété ; la pointe donne la *projection* ou le pied des perpendiculaires successives *abaissées* des points de la pièce à figurer.

Il est de toute logique que, pratiquement, le côté d'appui sur le marbre soit l'une des surfaces ou lignes de pose ou de direction générale de la pièce : un dé, un massif de maçonnerie, une enclume, se rapporteront sur la face d'assise ; un ensemble à axes verticaux nombreux se dessinera

sur un plan géométrique perpendiculaire à ces mêmes
arbres ; un corps prismatique ou cylindrique aura une *section droite* comme base.

De ce qu'un corps est limité par des *surfaces*, puis celles-

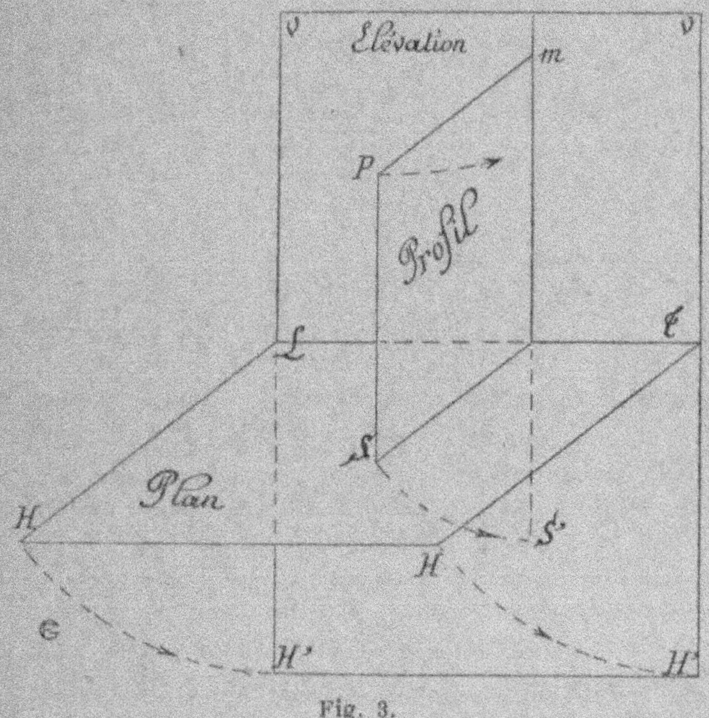

ci par des contours ou *lignes* qui ne sont en réalité qu'une
succession de *points*, il s'ensuit que savoir projeter un point
sur un plan en revient à savoir figurer ce corps par ce qu'on
appelle la méthode de projection orthogonale ; rappelons
en passant, par conséquent, cette loi du début : la **projection orthogonale** d'un point sur un plan est le pied de la
perpendiculaire abaissée dudit point sur le plan considéré.

Ce qui a été expliqué pour le plan horizontal s'applique

évidemment aux autres plans de projection ; au lieu de descendre les points par des verticales, l'équerre sera horizontale pour les plans fondamentaux, ou inclinée quand la vue est biaise.

Dans quelques ateliers on donne le nom de *sol* au plan horizontal et de *mur* au plan vertical de face, mais ces appellations ne sont pas généralement répandues ; on dit plutôt **plan horizontal** H H se rabattant en H'H', **élévation** *v v* dont la rencontre avec le plan horizontal est dénommée *ligne de terre* L T et **profil** (fig. 3) ; un point *p* se projette horizontalement en S sur le sol, en *m* sur l'élévation, et se rabat selon la flèche.

En beaucoup de cas, une ou deux de ces vues seulement sont nécessaires, tandis que dans d'autres circonstances il est indispensable de multiplier les plans pour que les détails soient bien nets ; le tracé d'une tôle ne demande qu'un plan, en mentionnant son épaisseur ; un tiroir de meuble peut se représenter suffisamment par deux vues ; mais un cylindre dont l'axe horizontal est parallèle à l'intersection du plan et de l'élévation doit comporter trois dessins (fig. 4, 5 et 6), puisqu'en deux vues seulement, on pourrait le confondre avec un objet de section carrée.

Nous avons supposé jusqu'ici, pour simplifier ces généralités, que le corps était plein et ne s'offrait que limité par des surfaces primitives quant aux formes ; il arrive fréquemment cependant que des lignes *fictives* de cet objet sont très utiles à connaître, les **axes** en particulier, dont il serait oiseux de donner la définition ; néanmoins il est bon de remarquer en passant que ces lignes-là sont (fig. 4, 5, 6) ou bien des axes de *symétrie* (*a b*) ou bien des axes de rotation (*c d*) ; dans les engrenages, un genre de ligne fictive s'introduit dans l'**épure** : la circonférence primitive des dents ; dans la vis à filets triangulaires, l'hélice précise dont on fait usage pour le pas est également imaginaire, car elle est enlevée par le chanfrein extérieur, etc.

Quand le corps n'est pas plein, on emploie les **coupes** pour en signaler les singularités ; ce sont des vues supplémentaires dont le nom suffit à faire saisir l'objet ; les coupes ont en effet pour but de montrer l'intérieur d'un organe, et on y arrive fictivement en supposant que cet

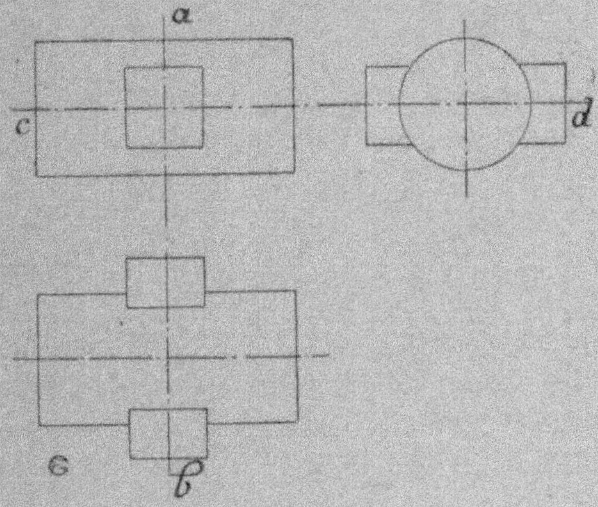

Fig. 4, 5 et 6.

organe a été coupé par le plan de coupe ou de **section** ; tous les détails de la section : axes, points et lignes, étant touchés par le plan de coupe, et les points intéressants invisibles projetés sur le même plan, on obtient en définitive un aspect orthogonal exact de l'intérieur de l'organe.

Si la simplicité des formes le permet et si le corps a un axe de symétrie, on se contente parfois de dessiner la vue extérieure d'un côté de l'axe, et la coupe de l'autre côté ; mais ce procédé n'est pas à recommander communément ; le temps économisé au bureau de dessin se perd souvent en recherches à l'atelier parce que ces abréviations sont au détriment de la clarté du plan ; il faut au contraire faciliter à l'ouvrier la lecture des dessins, surtout lorsqu'ils sont chargés, en multipliant les vues plutôt que d'accumuler de nombreux détails sur quelques-unes.

Nous reviendrons plus loin sur les conventions relatives aux coupes; dans les quelques exemples ci-après, nous nous efforcerons de familiariser d'abord le lecteur avec les définitions déjà énoncées.

Croquis d'un champ. — La surface du terrain est limitée par des lignes droites $a b$, $b c$, $c d$, $d a$; le côté $a b$ le sépare d'un chemin; à dessein, aucune dimension n'est portée sur ce croquis, non plus que les diagonales $a c$, $b d$ qui servent à le mesurer exactement (fig. 7).

Mais les indications de ce plan permettent déjà d'en avoir la forme d'ensemble estimée au pas et d'y inscrire les mitoyennetés au besoin.

Gabarit de tôlier. — Dans une feuille de tôle $a b c d$ (fig. 8), dont l'épaisseur est prescrite (ou le poids), le tôlier veut enlever la surface nécessaire pour confectionner des bassins plats et à bords évasés dont les arêtes arriveront à rencontre (1); ces pièces doivent être interchangeables.

Il est évident ici que la projection orthogonale n'a rien à voir et que le tracé constituera le plan réel d'atelier exécuté sur la matière comme feuille de dessin; cependant si le problème inverse était posé, c'est-à-dire s'il fallait obtenir le gabarit d'après un cuvette-type dont les dimensions ou le modèle sont donnés, au lieu d'un seul *plan horizontal*, on aurait en outre besoin d'une *élévation* (fig. 9).

Cela entraînerait à des **cotes** (voir plus loin) m et n et, pour le moment, nous tenons à n'en pas avoir.

Gabarit d'écrous. — Dans l'obtention de cette pièce (fig. 10), on peut encore ignorer toute projection, de

---

(1) Cas de la *soudure autogène*, qui autorise ces tracés rudimentaires à titre de démonstration.

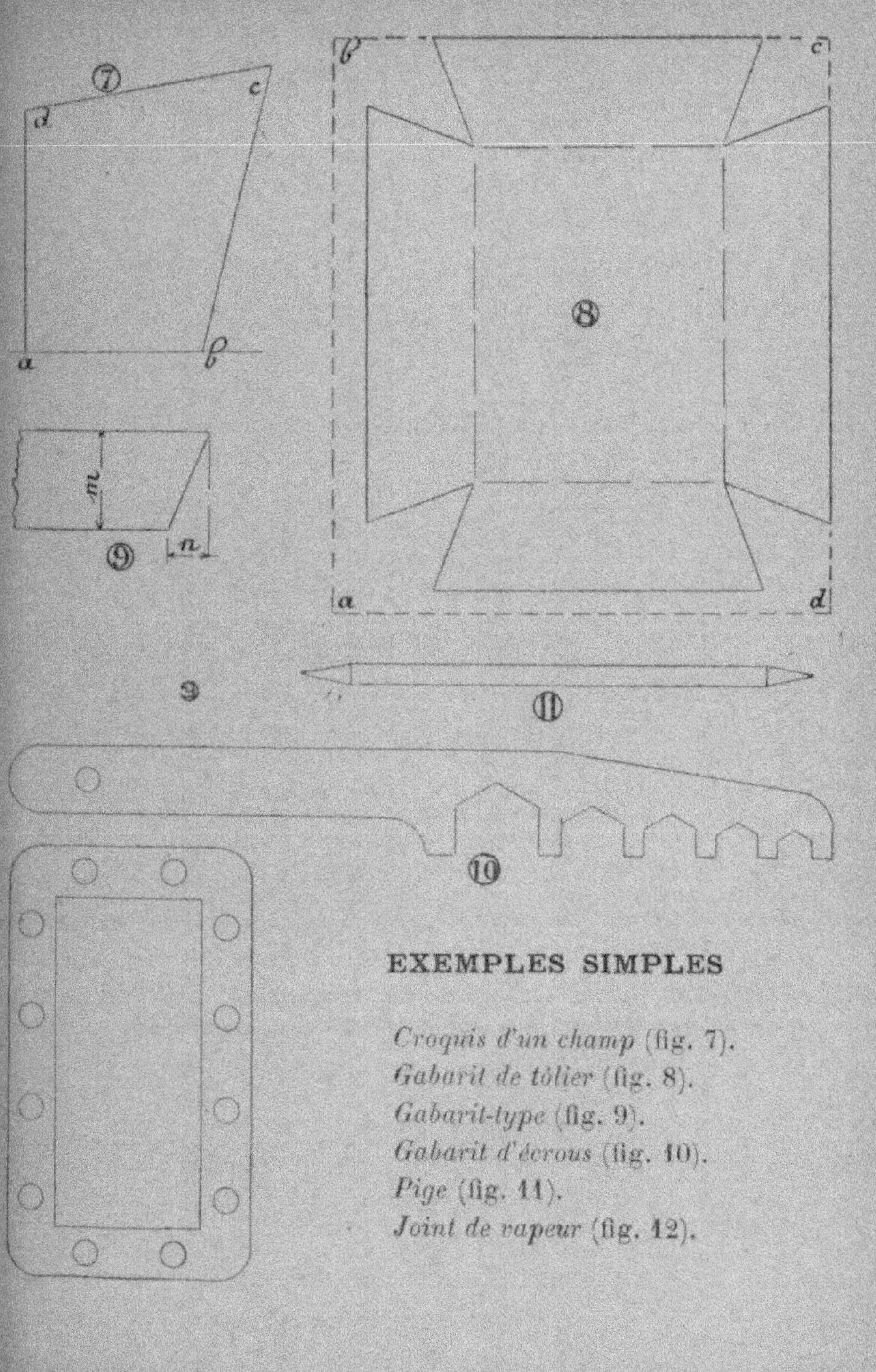

EXEMPLES SIMPLES

Croquis d'un champ (fig. 7).
Gabarit de tôlier (fig. 8).
Gabarit-type (fig. 9).
Gabarit d'écrous (fig. 10).
Pige (fig. 11).
Joint de vapeur (fig. 12).

même que pour une **pige** de diamètre intérieur ou d'intervalle (fig. 11) ou pour le découpage d'un joint quelconque (fig. 12).

Il en est de même de n'importe quel accessoire de tour analogue au tracé : des filets de vis, des dents d'engrenage, des profils pour embases, des boisseaux de robinets et autres, très utiles pour la perfection du travail.

Support de traçage. — Deux vues deviennent nécessaires mais suffisent quand la hauteur est uniforme ou se rapproche de la simplicité ; dans le support en V pour marbre (fig. 13 et 14), l'épaisseur est la même partout ; nous avons seulement un plan et une élévation ainsi que des axes, et le profil ne nous servirait à rien.

Hotte de forge. — A l'aide d'une figuration par deux vues et à condition d'indiquer l'épaisseur de la tôle à employer, on peut exécuter la hotte ci-contre (fig. 15-16) ; le dessin, mentionnant toutes les dimensions et les axes de symétrie, sera absolument suffisant pour découper les quatre trapèzes aux formes correspondantes et à les réunir ultérieurement, soudure ou rivetage.

Lingot. — Le métal anti-friction, que l'on trouve ordinairement en lingots dans le commerce, exige deux vues (fig. 17-18) mais deux vues seulement ; en possession des dimensions ou *cotes*, il serait donc aisé de confectionner des lingotières où le métal se moulerait lors de sa fonte.

Marteau à piquer. — Le dessin de cet outil se fera par les projections sur deux plans (fig 19-20) ; on verra ainsi bien clairement qu'il présente la panne en long d'un côté, la panne en travers de l'autre, ainsi qu'un trou d'emmanchement.

Pièce de forge. — Dans cet exemple, la forme de la pièce nécessite trois vues ; on peut observer que les axes ne sont que partiels et que le plan est, ici, une coupe verticale montrant mieux la *conicité* du trou intérieur (fig. 21, 22 et 23).

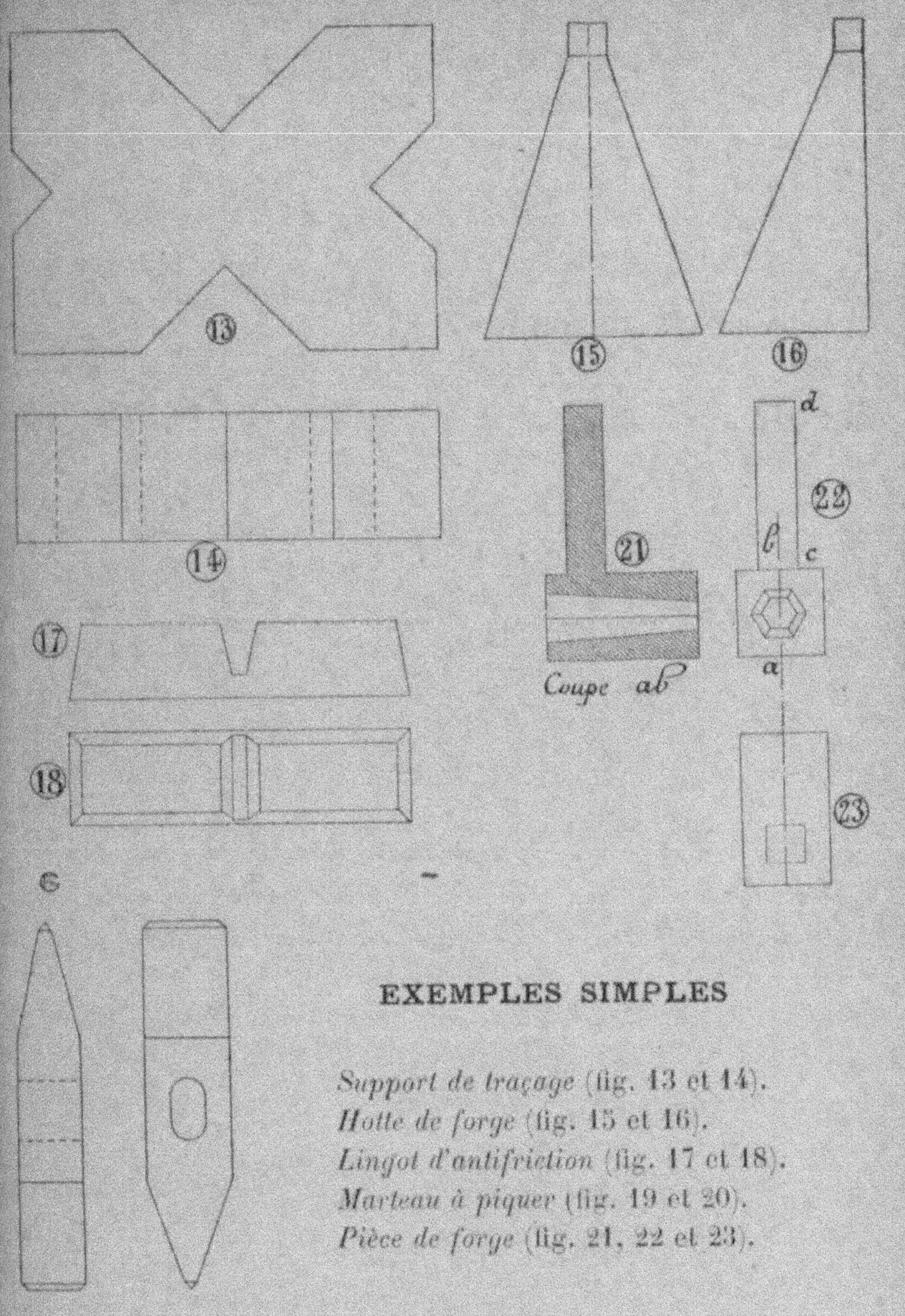

EXEMPLES SIMPLES

Support de traçage (fig. 13 et 14).
Hotte de forge (fig. 15 et 16).
Lingot d'antifriction (fig. 17 et 18).
Marteau à piquer (fig. 19 et 20).
Pièce de forge (fig. 21, 22 et 23).

Tas à queue. — On voit nettement dans l'exemple (page 15) les deux plans de projection ainsi que les points de projection abaissés à l'équerre, par rapport aux axes de symétrie (fig. 24) ; à la rigueur le dessin pourrait ne comprendre qu'une *coupe* verticale, pourvu qu'il fût signalé bien apparemment que les *sections* horizontales sont carrées.

En comparant la figure 24 à la figure 3 on se fera une idée plus précise des projections sur les plans principaux et des rabattements amenant plusieurs vues à tenir sur une seule feuille de papier.

Coupes, Hachures. — Les coupes se font généralement selon un plan qui passe par un axe déterminé ou selon un plan parallèle à un plan donné ; puis on suppose enlevée complètement la partie avant et l'on projette à ce moment la figure sur un plan parallèle au plan de *section* ; en résumé, la coupe est l'intersection de la pièce par un plan idéal choisi à propos.

Ce plan peut être horizontal, vertical ou biais ; la coupe est parfois faite selon une suite étagée de plans parallèles (fig. 21 à 23) ; on dit que la section est suivant *a b* ou suivant *a b c d* ; dans des cas spéciaux, il y a intérêt à avoir la coupe cylindrique d'un organe, de telle façon qu'en ouvrant ce cylindre hypothétique sur une de ses génératrices, on possède un *développement* où l'on tracera plus facilement des droites, des courbes, des raccords.

Au sens général du mot : axe, il faut d'ailleurs se rappeler que cette ligne est une suite de centres ; par conséquent un axe n'est pas forcément une ligne droite ; c'est ce qui a lieu pour une courbe de chemin de fer, dans des coudes de tuyauteries (fig. 25), etc.

Les parties pleines ne se coupent pas dans leur longueur ; ainsi un arbre ordinaire sera représenté plein dans le dessin ; il en est de même des accessoires classiques : clavettes, boulons, écrous, rivets et autres ; les nervures obéissant à la même convention, on ne figure ou *rabat* que leur section transversale (fig. 26) ; on assimile enfin certaines parties des pièces à des nervures et on n'en fait pas la section : les bras d'une roue dentée, les rayons d'une poulie à étages en particulier (fig. 27).

On remarque, sur les figures 26 et 27, que des *hachures* ont été appliquées entre certaines lignes limitant les contours de l'organe vu en coupe ; elles ont pour but de montrer distinctement quelle est la section réelle faite par le plan de coupe ; en outre leur intervention rend plus rapide la lecture du dessin, en mettant en relief et en isolant, en quelque sorte, les parties qu'elles couvrent ; enfin elles servent non seulement à différencier deux pièces en contact (fig. 26), mais aussi à indiquer la nature de la matière dont ces pièces sont constituées.

Sur les plans d'atelier, on emploie les hachures de préférence aux *teintes* parce que celles-ci ne se reproduisent pas sur les bleus (papier au cyanoferrure) ; on trouve cependant de ces papiers spéciaux, où les traits, apparaissant sur fond blanc, permettent d'appliquer des teintes tout comme sur la *minute* ou *original* du projet ; mais c'est alors un travail supplémentaire, qui se répète pour chaque feuille de dessin.

On donnera plus loin des renseignements sur les teintes conventionnelles.

Une fois tracées sur le calque servant à *tirer les bleus*, les hachures sont donc toujours automatiquement reportées sur le plan d'atelier et ne peuvent être effacées ou souillées.

Pour qu'ils ne soient pas confondus avec la plupart des lignes réelles du dessin, les traits des hachures sont incli-

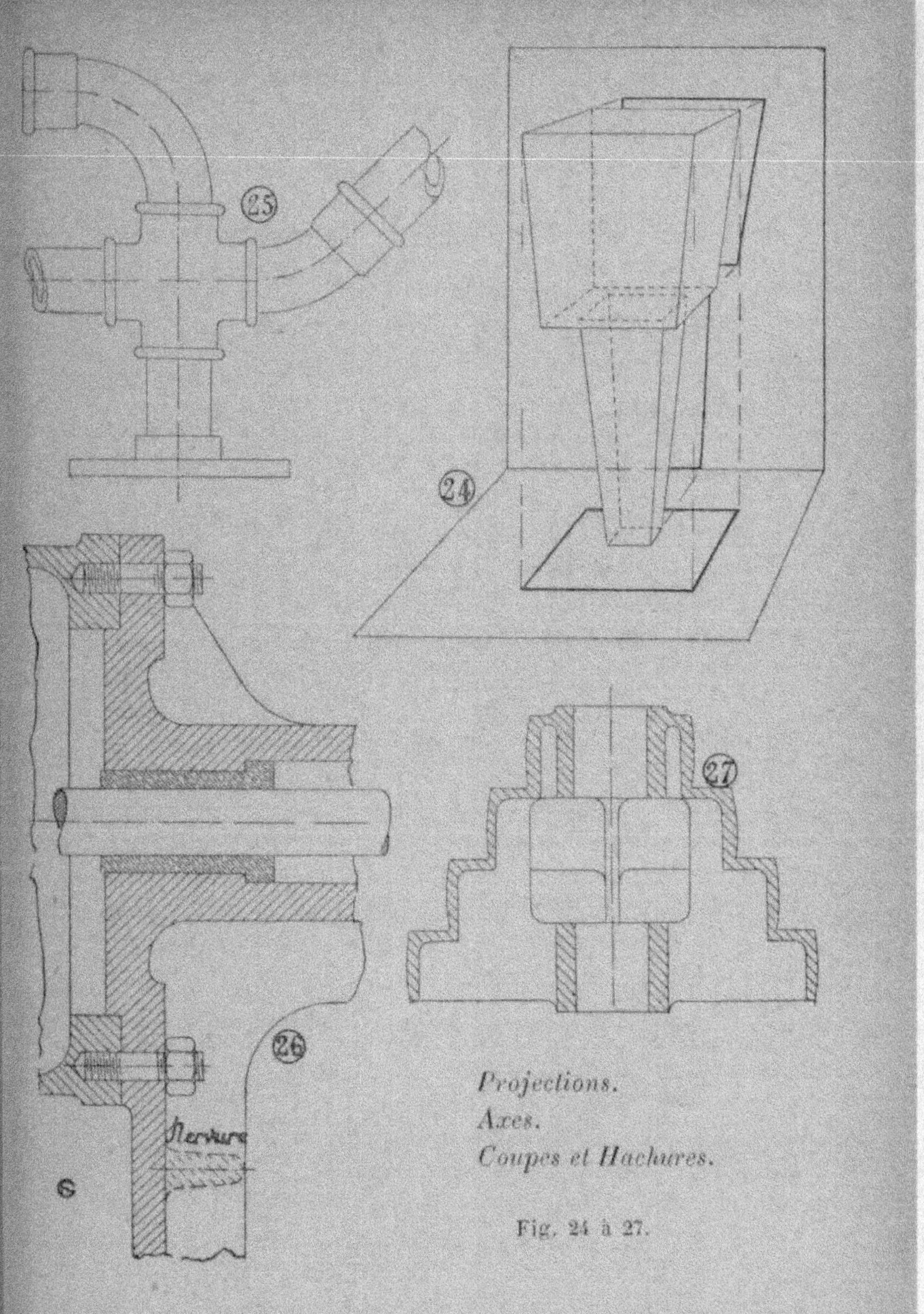

Projections.
Axes.
Coupes et Hachures.

Fig. 24 à 27.

nés à 45 degrés et régulièrement espacés ; la distance d'un trait à l'autre, l'épaisseur ou la discontinuité de ces traits sont des éléments servant à représenter conventionnellement la matière des pièces ; il n'y a rien d'absolu à ce sujet ; on fait ordinairement choix des hachures ci-contre (fig. 28 à 31) où l'échelle de dûreté des fontes, fers et aciers correspond à des intervalles de traits de plus en plus fins ; dans quelques ateliers on a adopté, en outre (fig. 32 à 39), des hachures mixtes auxquelles on donne telle signification que de besoin.

Dans les maçonneries en élévation (fig. 40 à 47), on imite le matériau dans son état naturel sans se servir des hachures pour les coupes ; cependant de gros massifs, des murs d'appui, des blocs de béton sont souvent couverts de hachures plus écartées que celles des métaux.

Cotes, Échelles. — Le dessin d'un objet ne donne que des images conventionnelles de ses formes et de ses particularités ; quand les plans sont exécutés à la *grandeur* de cet objet, un gabarit par exemple, ils peuvent être à la rigueur employés tels quels pour le travail à l'atelier, sur chantiers ou encore en campagne ; mais c'est un cas tout à fait spécial, usité seulement dans certaines industries ou dans des circonstances exceptionnelles : les plans de forme des coques de bateaux se tracent sur de grands parquets.

Pour qu'un dessin soit complet, il faut d'abord qu'il indique *toutes* les dimensions ou cotes devant servir à l'exécution, même quand le plan est tracé en *grandeur d'exécution* ; cela évite des recherches et des calculs pendant le travail, c'est-à-dire en somme des chances d'erreur dont l'ouvrier ne saurait être rendu responsable ; les cotes sont d'autant plus nécessaires que le plan est, dans la majorité des cas, une image réduite (agrandie rarement) d'un organe, d'une machine, d'une installation, etc. ; image supportée par un papier qui s'étend et se rétreint.

Acier doux
Fer
Fonte
Bronze ordin.re
Bois
Maçonnerie
Antifriction
Divers
Acier trempé
Fonte malléable
Acier coulé
Bronze spécial
Terrain
Pierre de taille
Moellons
Briques
Béton de ciment
Sable
Gravier
Pavage

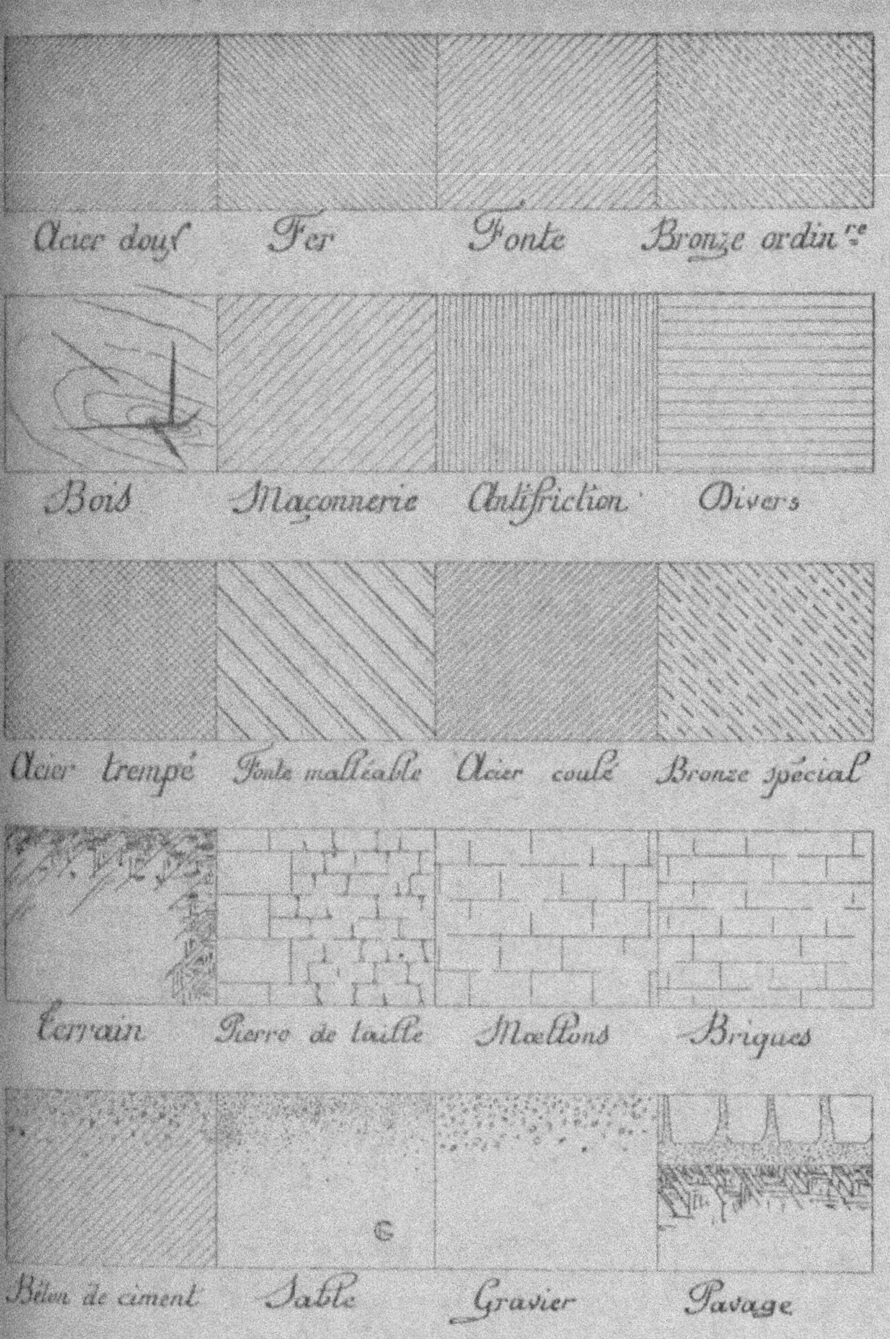

Fig. 28 à 47.

2

Une cote est indiquée par une droite qui est tantôt en traits pointillés, tantôt en traits espacés ou en traits continus rouges, selon le goût des dessinateurs ou les habitudes de l'usine ; on trouve aussi des cotes circonférencielles soit pour donner la mesure des angles, soit pour signaler la longueur d'un développement ; aux extrémités de la dimension, on limite la droite ou la circonférence par des *flèches* (fig. 48) qu'il est préférable de faire courtes et inclinées d'environ 60 degrés pour la clarté du plan.

On doit cumuler les cotes chaque fois qu'il en est besoin, mais on ne les répète sur plusieurs vues qu'autant qu'il est nécessaire pour rattacher sans confusion possible ces vues les unes aux autres ; car si, d'une part, il faut éviter à l'ouvrier des recherches pénibles, on ne doit pas, d'autre part, inutilement surcharger les dessins ; c'est affaire d'appréciation des ingénieurs ou chefs d'atelier qui commandent ou sont responsables.

Non seulement la mise des cotes, sans oubli ni erreur, est le facteur le plus essentiel dans les plans ; mais, également, leur placement rationnel, en des endroits choisis intelligemment, permet une lecture facile et prompte des détails d'exécution (fig. 48 et non comme en fig. 49).

L'annotation des dimensions d'une pièce ou d'une installation entraine la connaissance des conventions qui régissent la *réduction* de ces dimensions pour que les images de la pièce ne dépassent pas les limites d'une feuille de dessin ; en principe, toutes les dimensions en nature sont divisées par un même chiffre et le plan est fait *à l'échelle* (1), c'est-à-dire dans un rapport déterminé ; il en serait évidemment de même si la finesse d'un objet nécessitait de

____

(1) Dénomination conservée depuis les premiers âges du dessin géométrique ou industriel, alors qu'on relevait les mesures sur des figures en forme générale d'échelles ou de haubans (voir 2ᵉ partie : Tracé des plans).

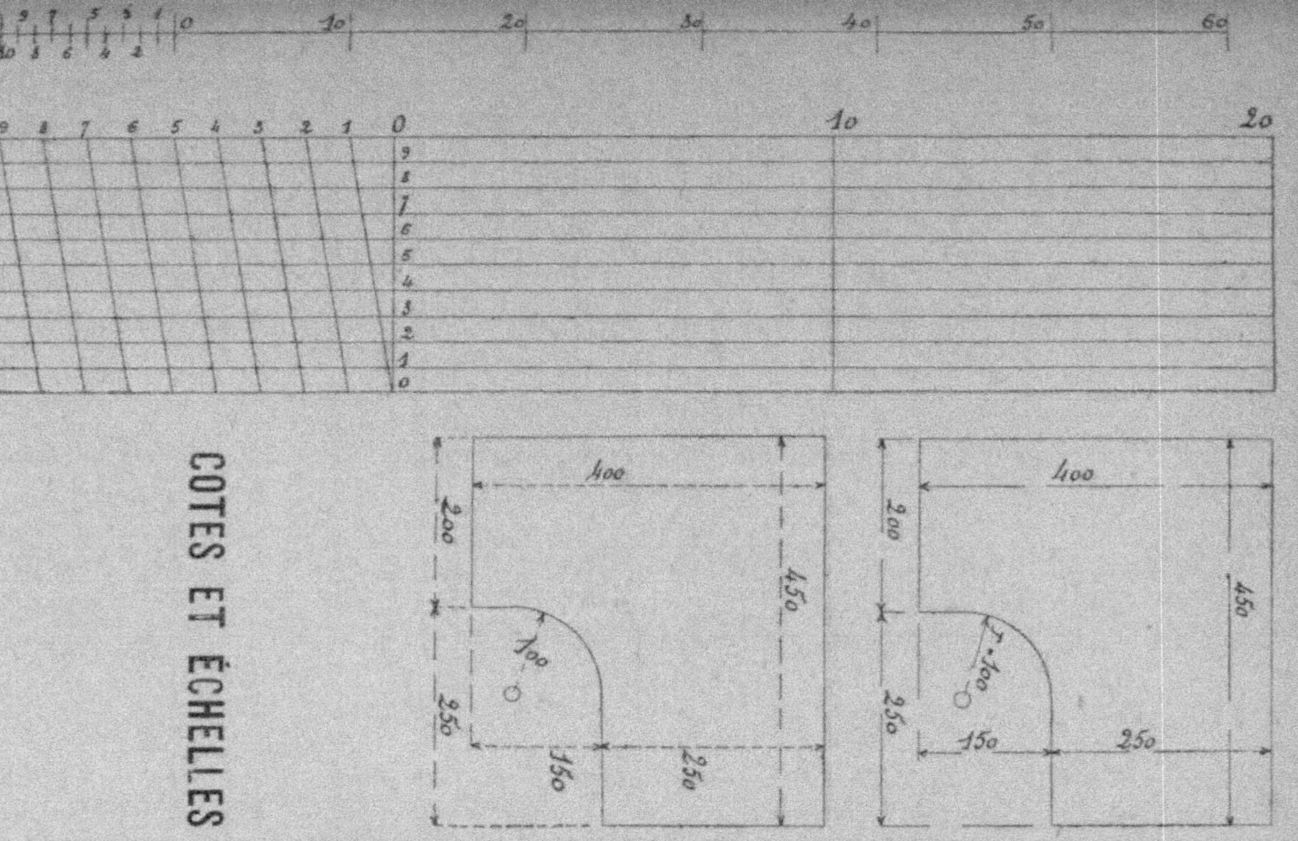

COTES ET ÉCHELLES

Fig. 48 à 51.

produire un dessin à une échelle agrandie, circonstance exceptionnelle.

En pratique, c'est-à-dire hors de nos écoles, on s'efforce de rapporter les dimensions : 1° à une échelle décimale ; 2° de préférence, selon les fractions $\frac{1}{2}$, $\frac{1}{5}$, $\frac{1}{10}$ ou leurs sous-multiples, soit par exemple $\frac{1}{20^e}$, $\frac{1}{100^e}$; il est à peine besoin de faire remarquer que ces chiffres se prêtent logiquement aux calculs de réduction ; néanmoins ces coefficients ne sont pas absolus et il est quelquefois nécessaire de transcrire un ensemble dans un tel rapport : $\frac{4}{10}$, $\frac{12}{20}$, etc., qu'il puisse tenir dans le cadre d'une épure.

L'échelle doit, obligatoirement, figurer et être annotée sur le plan ; ainsi on écrira : Echelle au $\frac{1}{5}$ = 0 m. 200 pour mètre, ce qui signifie que chaque 20 centimètres représente 1 mètre réel ; nous signalerons ici, au surplus, un moyen mnémotechnique simple de transformer les trois fractions pratiques ci-dessus en millimètres par mètre ; le dénominateur 5, de l'une d'elles, multiplié par le nombre décimal en millimètres doit produire 1.000 ; par conséquent

$$\frac{1}{2} = 500 \text{ millimètres par mètre,} \quad 2 \times 500 = 1.000$$

$$\frac{1}{5} = 200 \quad\quad - \quad\quad\quad - \quad\quad 5 \times 200 = 1.000$$

$$\frac{1}{10} = 100 \quad\quad - \quad\quad\quad - \quad\quad 10 \times 100 = 1.000$$

$$\frac{1}{20} = 50 \quad\quad - \quad\quad\quad - \quad\quad 20 \times 50 = 1.000$$

etc., etc.

Il y a obligation d'indiquer le rapport de réduction d'un plan afin de parer aux omissions ou aux erreurs ; au moyen d'un mètre ordinaire ou son sous-multiple, on vérifie les cotes douteuses selon nécessité.

D'ailleurs pas mal de dessinateurs reportent l'échelle en un endroit du dessin facile à apercevoir ; d'autres fois, pour des ensembles plus particulièrement, l'échelle est montrée par un tracé décimal (fig. 19) sur lequel on peut directement prendre les longueurs au compas, avec trois chiffres exacts (2ᵉ partie).

Réciproquement, quand l'échelle n'est ni figurée ni annoncée, mais que le plan donne comme points de repère soit quelques cotes, soit un module classique, on a tôt fait de diviser le nombre de millimètres du dessin par le

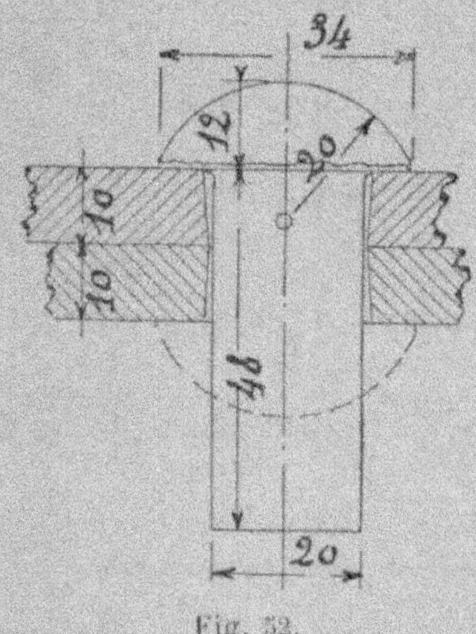

Fig. 32.

nombre réel de millimètres relaté et de quotienter ainsi le rapport de réduction, donc de connaître l'échelle.

Les cotes doivent être écrites proprement et lisiblement ; l'importance apparente des chiffres qui les composent est choisie pour que le dessin ait de l'œil, sans exagération de leur grosseur dans un sens ou dans l'autre, et surtout sans encombrement par-dessus les détails ; comme la mise des

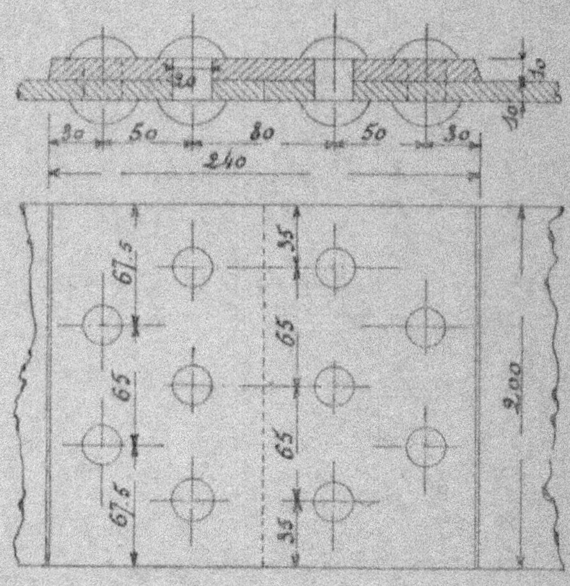

Fig. 53 et 54.

cotes est une opération essentielle, réclamant de l'habitude, des soins et de l'application, il est recommandé de les

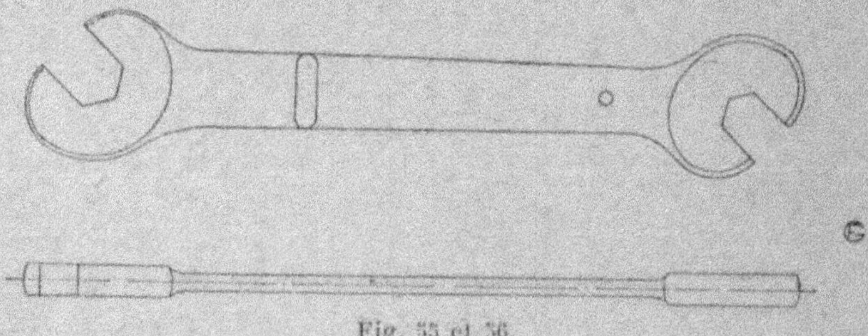

Fig. 55 et 56.

vérifier attentivement et de les calculer même à nouveau quand le plan est terminé.

57
50
66
50
8
95
8
111
32o à l'axe du palier
58
50
130
92
150
40
220
59
92
150
60
1m 250
155
240
500
Parqul
150
950
150
1m 450
61
560
415
240
B.eau de 21
265
160

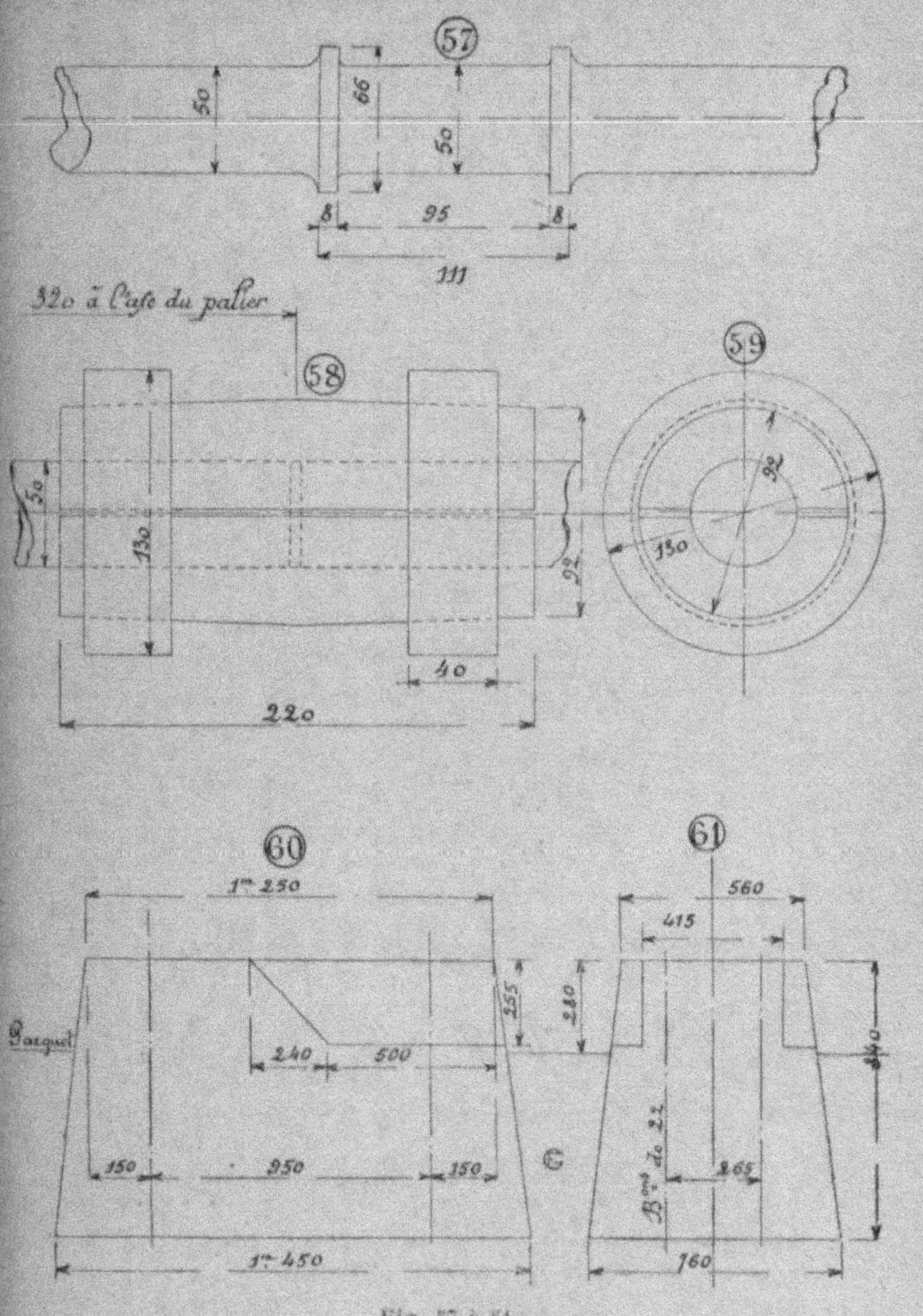

Fig. 57 à 61.

Croquis d'un rivet. — Il s'agit de déterminer les dimensions de rivets pour tôles de 8 millimètres; le plan servira à l'achat ou à la fabrication de ces pièces, ainsi qu'au choix des bouterolles pour les têtes (fig 52).

Assemblage à couvre-joint. — Deux *larges plats* sont à réunir par un couvre-joint de même échantillon (fig. 53, 54); les rivets sont en quinconce, de sorte que ceux des clouures

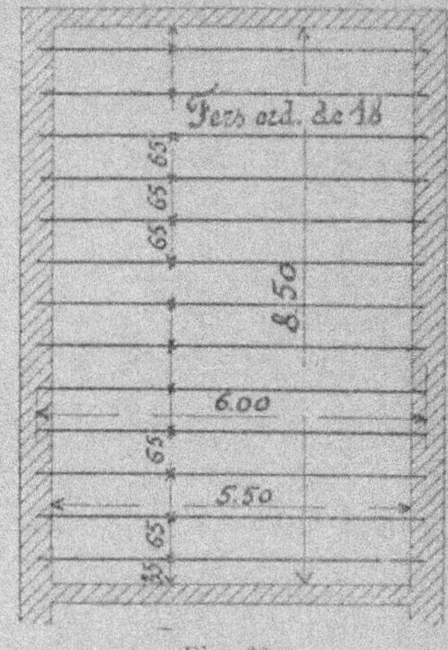

Fig. 62.

extrêmes, à droite et à gauche, ont leurs axes à la cote : 67,5 du long côté; cette dimension est évidemment conforme à l'exactitude, mais il est souvent préférable de tricher sur une dimension, 65 ici par exemple que l'on porterait à 66, pour supprimer les fractions de millimètre.

Clé double droite. — (Fig. 55, 56).

Embase pour transmission. — (Fig. 57).

Manchon à frettes. — (Fig. 58, 59).

Massif de maçonnerie. — (Fig. 60, 61).

Schéma d'un plancher courant. — (Fig. 62).

PROFILS D'UN FER DOUBLE T AU LAMINAGE

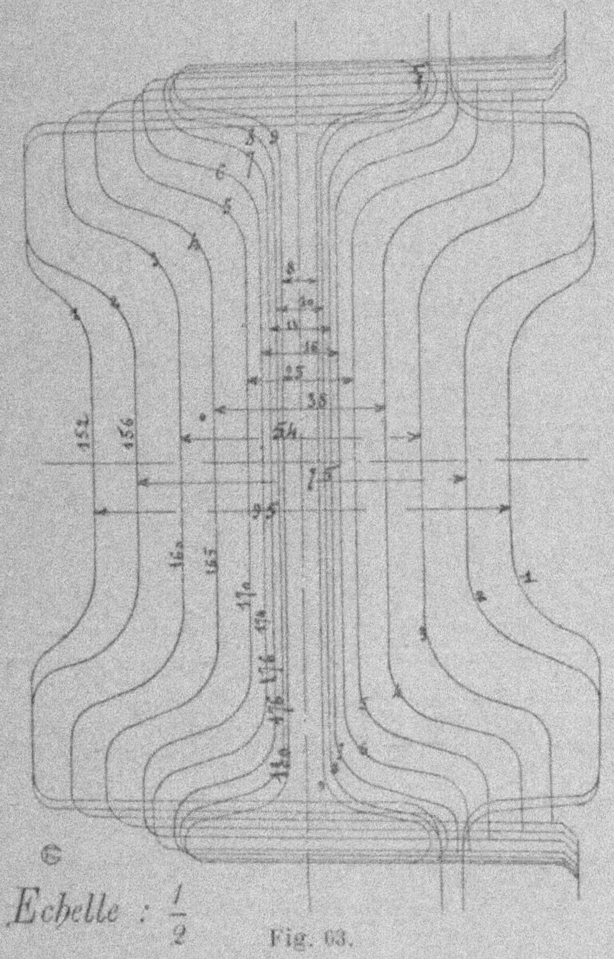

Echelle : $\frac{1}{2}$

Fig. 63.

Cylindres de laminoirs. — Dégrossissage (Fig. 64, 65).
Finissage (Fig. 66, 67).

Traits de force. — La théorie des traits de force est
exposée dans la seconde partie de ce volume, mais il faut

CYLINDRES DE LAMINOIR. — *Dégrossissage.*

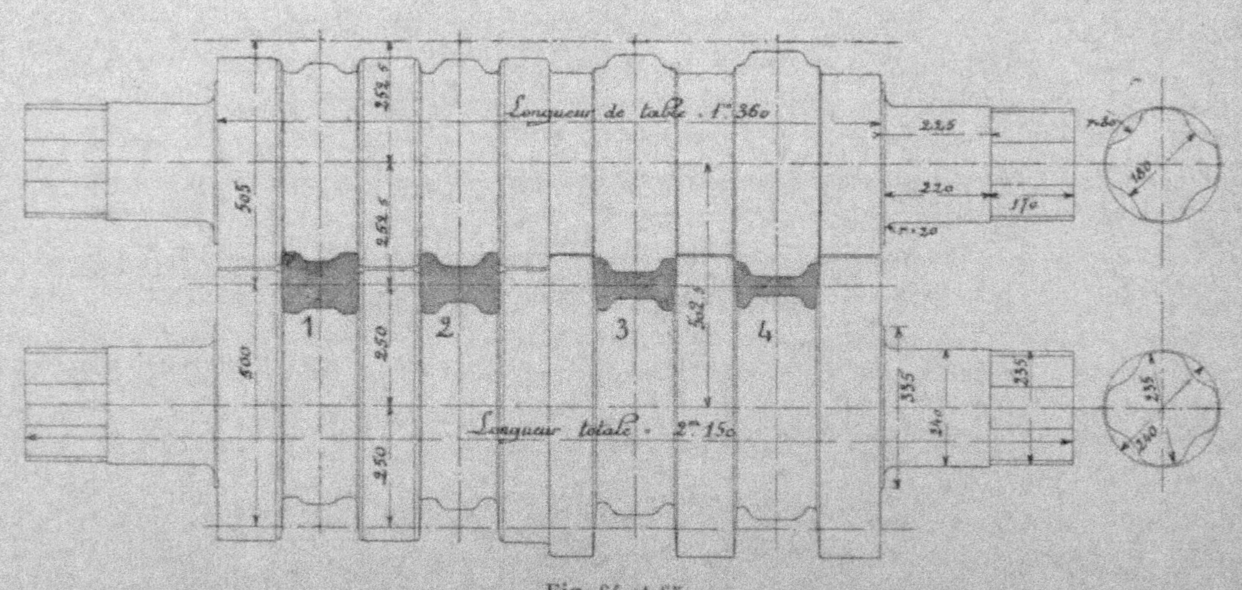

Fig. 64 et 65.

CYLINDRES DE LAMINOIR. — *Finissage.*

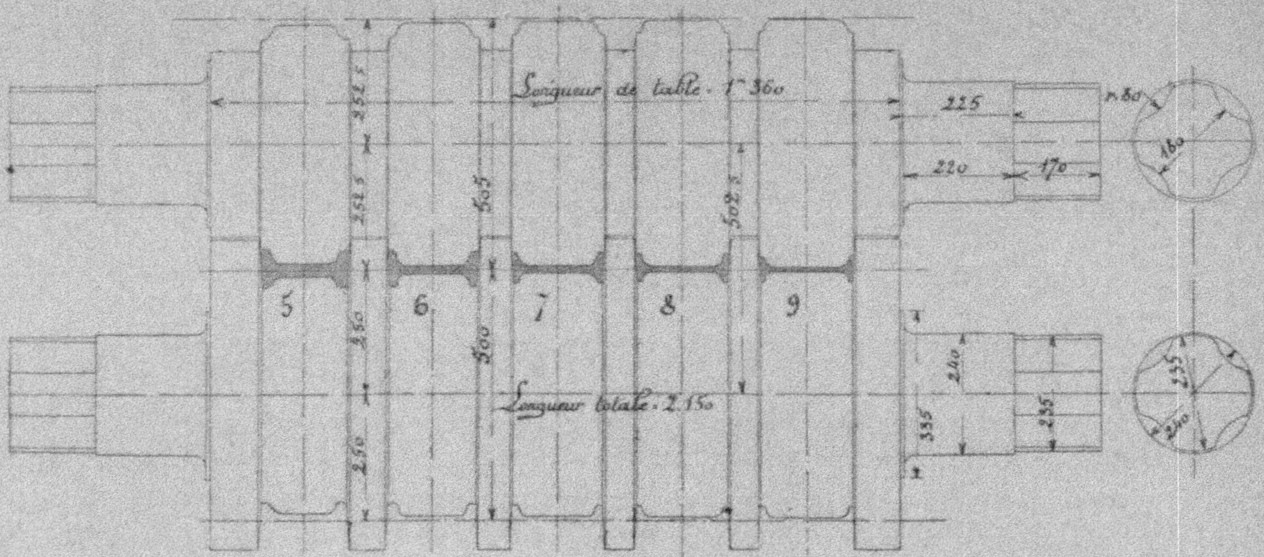

Fig. 66 et 67.

avouer ici qu'ils sont d'un emploi de moins en moins courant sur les plans d'exécution parce qu'ils sont une complication la plupart du temps fastidieuse, en raison du développement actuel de l'instruction professionnelle ou de l'expérience du personnel des usines.

Ils ne sont guère utiles que pour accentuer certains reliefs des pièces peu aisées à lire de prime abord ou pour donner de l'œil à des ensembles; dans une fouille où des murs devront être édifiés (fig. 68, 69), par exemple, ils indiqueront nettement et à propos, les creux à différents niveaux, mais pour ajuster un patin quelconque dans une glissière, ils seront plutôt gênants car, par leur épaisseur même, ils ne permettent pas de mesurer avec assez d'exactitude une dimension faussement indiquée ou oubliée.

Enfin, en maintes circonstances, ils sont susceptibles d'être confondus avec les *traits accentués* (voir ci-après).

Parties cachées. — Les parties invisibles se figurent par des traits interrompus; suivant le goût ou les errements dans une usine, on emploie des *points ronds* (fig. 70, 71) ou, de préférence, des *traits pointillés* (fig. 74); on juge sur le dessin ci-contre que cette dernière expression est quelque peu inexacte, vu la longueur des tirets successifs; de toute façon ceux-ci sont plus que suffisants et moins difficiles à bien faire que les points ronds (sans compas spécial, s'entend); il ne s'agit que de les proportionner pour qu'il ne puisse, en aucun cas, y avoir confusion avec des traits de cotes (fig. 58, 59), d'axes (fig. 64, 65) ou de construction d'épure (fig. 72, 73), etc.

Lorsque les parties intérieures sont complexes (fig. 74) ou se superposent à un plan déjà dur à lire, il y a nécessité de représenter ces intérieurs en coupe et, comme conséquence, on supprime les cotes afférentes si, au pis-aller, il y a néanmoins lieu de montrer le pointillé sur la vue encombrée.

Pièces courantes. — Les organes, pour ainsi dire clas-

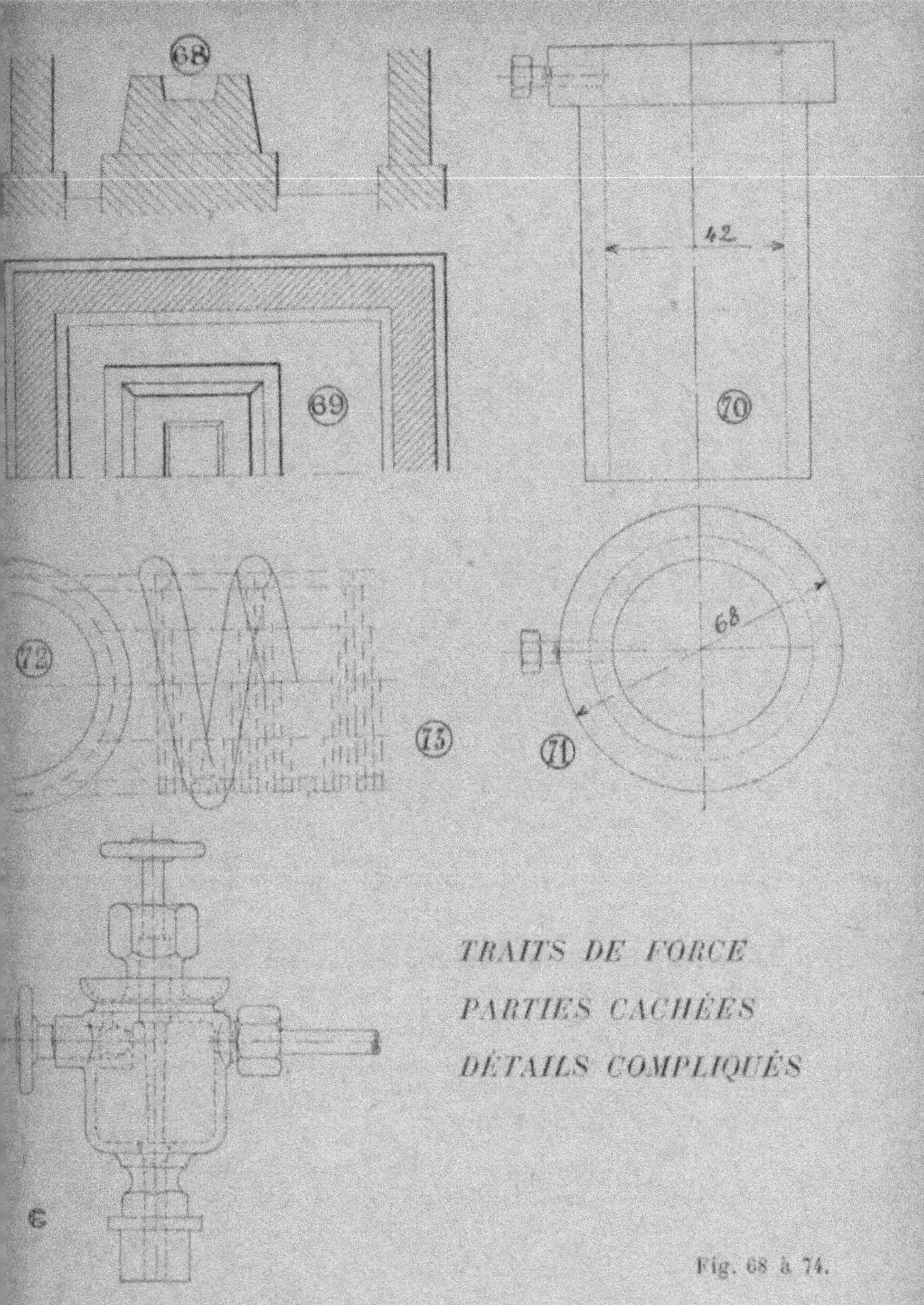

TRAITS DE FORCE

PARTIES CACHÉES

DÉTAILS COMPLIQUÉS

Fig. 68 à 74.

siques quant aux proportions, sont soumis à certaines conventions dans leur figuration, afin de simplifier la mise des cotes surtout ; parmi ces pièces, on peut citer les rivets, les vis, les goupilles, les écrous, etc., etc., dont l'assortiment existe généralement en magasin ou qu'il est facile de se procurer dans le commerce.

On pourrait y ajouter une foule de raccords, de brides, de détails de quincaillerie ou autres qui sont fabriqués et offerts en séries ; mais ce n'est pas le lieu de s'étendre ici sur ce sujet, chaque atelier ou bureau étant supposés posséder une bibliothèque assez complète des catalogues auxquels elle a le plus souvent recours ; exemple, les roulements à billes (fig. 124 à 127), la robinetterie.

En se limitant aux accessoires indispensables, voici les conventions pour :

Rivets. — Le plan ne comporte, en ce qui les concerne, que leur diamètre et l'épaisseur totale qu'ils ont à *serrer* ; des tables spéciales que l'on trouve dans beaucoup de formulaires complètent ces indications, relativement à la forme de la tête, à la longueur de tige supplémentaire nécessaire pour refouler à chaud ou à froid la seconde tête ainsi qu'au diamètre du trou où s'introduira cette tige.

Il est bon au surplus, au moyen d'une *flèche de référence* généralement (fig. 75), d'écrire la forme des deux têtes quoiqu'elles soient figurées sur le plan.

Vis. — A moins d'indications contraires, le *pas* d'une vis est toujours supposé *à droite*, c'est-à-dire qu'en la tournant à droite, à l'instar des aiguilles d'une horloge, les filets de vis la font s'enfoncer dans la matière servant d'écrou ; on ne relate pas la valeur du pas, qui est toujours dans des rapports connus avec le diamètre (voir *Technique du Tour*), non plus que la forme du filet que l'on admet triangulaire et correspondant à certains *systèmes* de filetage.

Toutes les autres dimensions doivent être cotées (fig. 76),

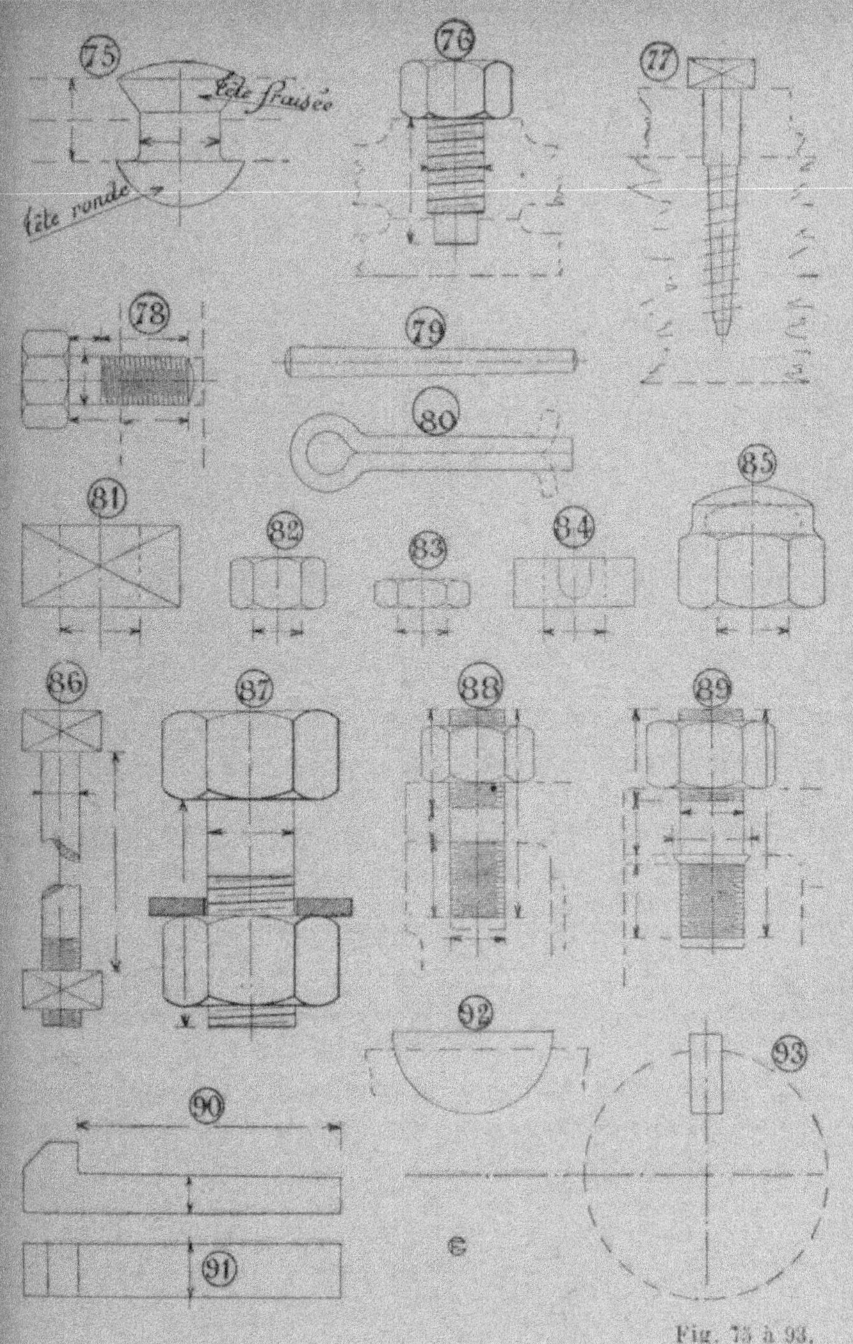

Fig. 75 à 93.

exception faite, bien entendu, des têtes de forme et de proportions courantes; une flèche de référence suffit pour l'approvisionnement ou l'exécution (fig. 78).

Comme conventions particulières à l'image d'une vis, on représente les filets par des hachures régulièrement espacées et légèrement inclinées, terminées alternativement ainsi qu'il est montré ci-contre pour les vis à métaux, ou encore pour les vis à bois et les tirefonds (fig. 77).

En quelques occasions les traits de force interviennent avec quelque avantage sur le filet en saillie, le plus long (fig. 78), pour qu'on ne puisse confondre la vis avec les hachures d'aucun autre organe en coupe; c'est un des rares intérêts des traits de force, pour les filets triangulaires ou même carrés, au point de vue des dessins d'exécution.

Goupilles. — Le plan ne mentionne que leur diamètre et leur longueur totale (fig. 79); mais il va sans dire qu'il indiquera la nature du métal, si elles ne sont pas en fer ni du type commercial, ainsi que leur forme : à œillet ou coniques (fig. 80).

Écrous. — Qu'ils soient carrés ou à 6 pans, bruts, polis ou taraudés seulement, leurs proportions déterminées par rapport au diamètre permettent qu'on ne les cote pas ; on les signale toutefois par une flèche de référence (fig. 81 à 85) ; en outre on distingue communément l'écrou (ou la tête) d'un boulon de charpente par le tracé des diagonales des faces ; les écrous de mécanique, 6 pans, se représentent plutôt par la vue de 3 faces dans n'importe quelle projection parallèle à leur axe que par 3 faces dans l'une et 2 dans l'autre ; c'est de la science sans intérêt.

En plan, il est oiseux de dessiner l'hexagone et son cercle inscrit, car c'est là un exercice qu'il faut mieux s'éviter ; à moins cependant qu'il soit nécessaire, lors de l'étude, d'examiner le jeu à prévoir pour la clef, pour le montage, etc. ; le centre et le cercle du corps de boulon sont largement suffisants pour le définir en position dans les plans d'atelier.

Quand on a affaire à des écrous ou contre-écrous sortant de l'ordinaire par un motif ou un autre (fig. 85), il est superflu d'ajouter que ces exceptions à la règle ne la modifient pas; on traite ces écrous à la manière d'un accessoire non marchand ni de série courante.

Boulons. — Les observations se rapportant ci-dessus aux vis et aux écrous leur sont entièrement applicables, la tête et l'écrou dépendant essentiellement du diamètre du corps du boulon (fig. 86, 87).

Toutefois, comme les dimensions du commerce ne donnent guère qu'une fois et demie la hauteur d'écrou à la partie taraudée, le dessin deviendrait plus complet si, au lieu du serrage, il déterminait la longueur sous tête, la seule dont tiennent compte les fournisseurs.

Goujons. — On sait que ces pièces mal commodes sont prisonnières dans un corps taraudé auquel on veut assembler une contre-partie dont les trous sont lisses : un écrou complète la jonction (fig. 88); bien entendu les filets sont de même sens pour la manœuvre du serrage.

En ce cas, il y a nécessité de coter les longueurs des filetages et de la partie lisse, mais non l'écrou; il en est de même pour les prisonniers à repos (fig. 89).

Clavettes. — Les clavettes en acier se vendent toutes façonnées; leur légère conicité est obtenue mécaniquement (fig. 90, 91); le plan pourra donc n'indiquer que leurs trois dimensions principales : hauteur, longueur et largeur si celle-ci, la largeur, comprise entre 8 millimètres et environ 30 millimètres, correspond convenablement au diamètre de l'arbre (voir tome IV), c'est-à-dire pour des arbres de 15 millimètres à 150 millimètres environ.

Le nouveau mode de clavetage (fig. 93), dont les proportions sont également en fonction du diamètre de l'arbre, ne nécessite que de donner l'épaisseur à fraiser et l'emplacement de la clavette.

Intersections. — On entend par ce terme la rencontre de pièces dont les surfaces se coupent où se pénètrent; dans la seconde partie de ce volume, leur tracé sera mieux étudié en détail, car l'exactitude du tracé demande à être absolue dans certains ateliers, au modelage, par exemple, ou encore en tôlerie (fig. 93).

Il faut cependant signaler ici que, pour la simple lecture d'un plan, il n'est pas indispensable que la figure soit rigoureuse; le dessin peut ne donner qu'une indication ou une forme générale, ainsi qu'on le voit dans l'encastrement d'une clavette (fig. 94), ou dans l'amortissement d'une partie plate sur une partie cylindrique ou en congé (fig. 95-96).

La plupart du temps, l'intersection s'y fait pour ainsi dire automatiquement lors du travail de tour, de planage, de perçage, etc.

Rabattements. — Un rabattement est une vue ou une coupe d'une partie simple de pièce que l'on fait pivoter à l'équerre autour d'un axe comme charnière, pour l'amener parallèlement au plan du dessin (fig. 97); ces rabattements évitent donc souvent une vue ou une coupe indépendantes, mais il ne faut pas en abuser, sinon ils iraient encore à l'encontre de la clarté que l'on recherche; d'ordinaire ces rabattements sont plutôt réservés aux nervures, aux sections droites (voir 2e chapitre), aux coupes des bras des engrenages ou des poulies et autres.

Il est préférable de tracer en traits pointillés ces vues ou coupes entre lesquelles on trace des hachures (fig. 26).

Traits accentués. — On les emploie pour différencier nettement les surfaces devant rester brutes de celles qui doivent être usinées (fig. 98); ainsi, sur le plan ci-contre, le modeleur chargé de la confection du modèle de fonderie

94
95
96
97
98
99
100
101
Manchon de réduction
de 40-49 à 15-21
3o
26
18,5
45
53
43
31
61
4
8
26
5
(Bien)
? Titres
3o
26
18,5
45
53
31
45
4
8
26
5
61
(Mal)

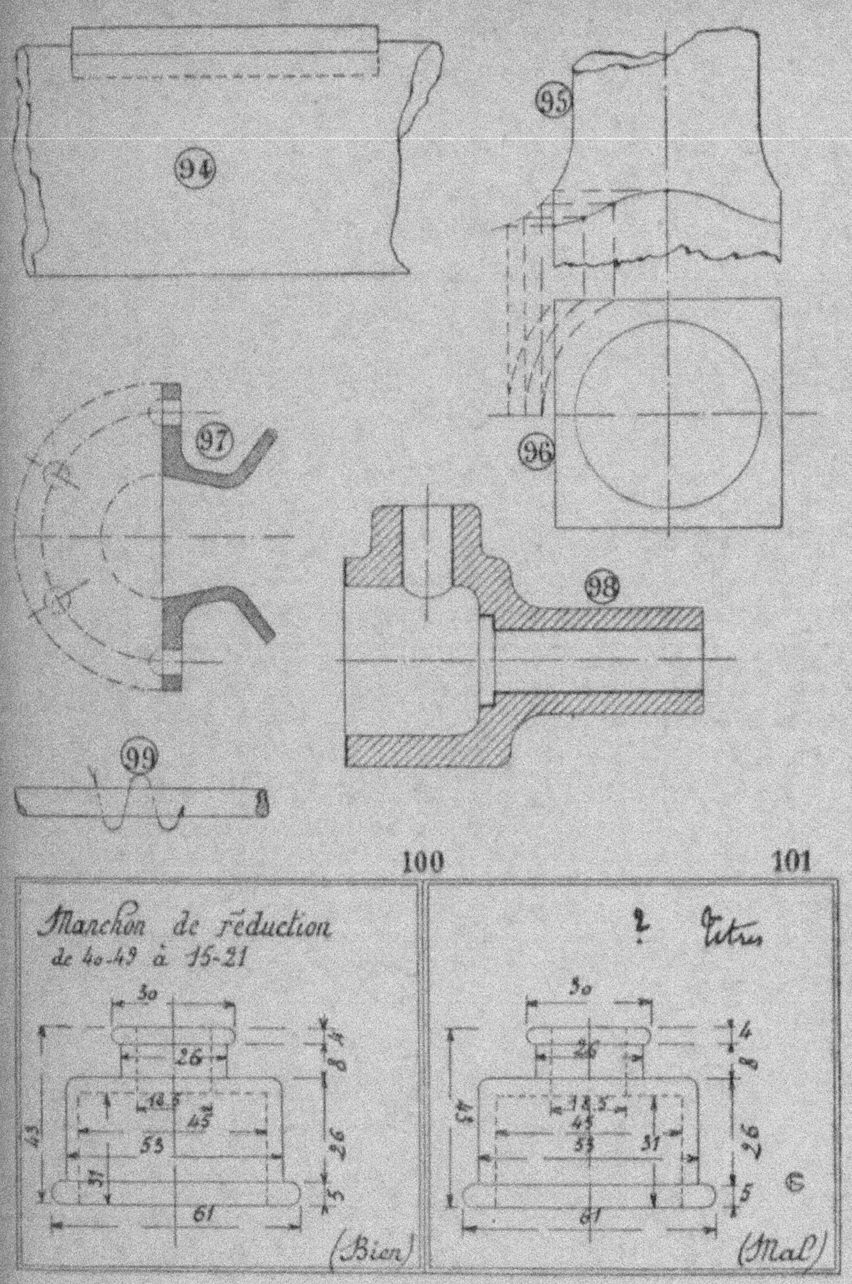

Fig. 94 à 101.

trouvera les renseignements utiles pour renforcer les parties à ajuster ou tourner ultérieurement.

Ces traits accentués s'emploient de préférence dans les coupes et ne règnent alors que juste sur les endroits touchés par l'outil.

Au lieu de traits accentués noirs, on a encore à sa disposition des traits rouges, doublant le trait réel, quand la nature du papier permet de se servir de cette indication : calque, bleu ou fond blanc.

Sens de rotation. — On se sert de flèches pour déterminer en dessin le sens de rotation d'une poulie, d'ouverture d'une porte, ainsi que la direction d'un déplacement en ligne droite ; pour qu'il n'y ait pas d'erreur possible dans le cas d'un arbre de transmission, on interrompt la flèche à l'arrière, et même on la fait tourner complètement au moins une fois autour de la transmission (fig. 99).

C'est particulièrement pour l'étude d'un projet sous forme de *schéma* que cette représentation est utile, ainsi que nous le verrons par la suite.

Matériaux, terrains et divers. — Le simple dessin au trait, sans teintes, donne la possibilité de figurer conventionnellement d'autres matières que celles qui ont été passées en revue dans le chap. II ; chaque atelier ou bureau d'études a, d'ailleurs, ses routines, et il n'y a pas de règle bien fixe à ce propos ; ce n'est donc qu'à titre d'indication sommaire que sont montrées ci-avant (fig. 40 à 47) diverses annotations au trait ou à la plume.

L'emploi des teintes rend, en beaucoup de cas, la lecture plus facile, mais c'est plutôt dans les travaux publics ou en construction qu'elles interviennent avec avantage, vu le nombre limité de dessins à fournir.

Terrain quelconque. — En coupe, le sol se représente par des hachures irrégulières et en tous sens (fig. 40), avec interposition de cailloux ou de graviers en quelques endroits.

Sable. — On le représente par des points de plus en plus clairsemés au fur et à mesure qu'on s'éloigne de la surface (fig. 45) ; on ne trace pas de hachures.

Gravier. — Il est de convention d'imiter le matériau naturel, que l'on fait de plus en plus fin, ainsi que ci-dessus, en s'écartant de la surface (fig. 46) ; il ne comporte pas non plus de hachures.

Béton. — Ce qui a été dit du gravier s'applique au béton (fig. 44) et on les distingue l'un de l'autre en traçant des hachures un peu écartées.

Pierres, briques, pavés. — Leur représentation est une copie du matériau en nature dont il s'agit (fig. 41, 42, 43 et 47), par assises et joints.

Cuir, caoutchouc, verre, etc. — En coupe, on les met en relief par rapport aux métaux ou aux bois en couvrant leur section de hachures verticales ou horizontales (fig. 34, 35), avec flèche de référence mentionnant leur nature.

Bois. — Croix de Saint-André ou veinures avec rayons médullaires.

Lettres de nomenclature. — La présence, sur les plans d'atelier, d'une nomenclature ou état des divers organes constituant l'ensemble d'un mécanisme facilite singulièrement la compréhension de ces plans et, de plus, parmi d'autres avantages accessoires, permet l'approvisionnement préalable ou au fur et à mesure des besoins, en usine ou en magasin, etc., de tout ce qui est nécessaire pour l'exécution. (2ᵉ PARTIE : *Classification des Dessins*.)

En ce qui touche la lecture (fig. 150 à 152), une lettre ou un numéro obligent l'ouvrier à se reporter au tableau descriptif, c'est vrai ; mais par contre il verra bien plus nettement où se place une pièce quelconque dans chacune des vues d'un dessin ; la nomenclature le renseignera aussi sur le métal, sur la quantité d'objets qu'il faut, sur le façonnage plus ou moins soigné, etc. ; elle supprime par conséquent bon nombre de flèches de référence parfois encombrantes (fig. 109).

De même que les cotes, les titres et les annotations, la nomenclature demande à être complète et proprement transcrite; si elles ne sont pas bien traitées, les écritures gâchent inévitablement un plan qui, dès lors, n'a plus d'œil et arrive même à être touffu.

Sens des écritures. — Il est essentiel de pouvoir lire un plan sans le chavirer de tous côtés; c'est non seulement pour le bon ordre, qui évite des appréciations erronées, mais aussi pour la rapidité de la lecture.

Habituellement donc, les cotes et écritures sont orientées comme en figure 100, et jamais comme en figure 101.

CHAPITRE III

APPLICATIONS

Les notions précédentes avec exemples à l'appui vont nous permettre des exercices progressifs de lecture se rapportant aussi bien à la Mécanique qu'à d'autres professions ; les explications seront de plus en plus brèves, à mesure que le lecteur se familiarisera avec le dessin ; de telle sorte que nous espérons qu'après quelques tâtonnements et prenant goût à ces exercices, il en arrivera à détacher certaines pièces ou parties de pièces en des croquis rudimentaires mais suffisants pour satisfaire ses premiers essais.

Pointeau. — Cet outil est en acier trempé ; le corps du pointeau est à 8 pans ; il se termine par une partie cylindrique dans le haut, avec chanfrein pour parer à l'égrènement sous le coup de marteau ; la pointe conique est plus effilée à l'extrémité inférieure pour que le centrage puisse être fait très nettement et finement au début (fig. 102).

Mandrin de Tour. — Ainsi qu'on l'a vu dans la Technique du Tour, un mandrin est nécessaire pour usiner certaines pièces percées ou alésées selon leur axe de rotation : bagues, poulies ou autres ; si cet accessoire doit servir fréquemment, il est préférable de le cémenter et de le tremper, puis de le rectifier ; c'est ce que l'on suppose ici (fig. 103 .

Les deux extrémités sont à 6 pans et, par une coupe partielle à l'un des bouts, est indiqué le meilleur procédé de faire le centrage pour conserver la précision de la pointe même du tour ; le diamètre du mandrin, vers le milieu, est le même que celui de l'alésage, mais il possède une très légère conicité : deux dixièmes de millimètre sur la longueur, pour que la poulie ou la bague puissent s'y emmancher à force, mais s'en retirer par choc.

Boulon spécial avec rondelle Grower. — Les rondelles Grower sont en acier trempé et ont pour but d'empêcher le desserrage de l'écrou sous l'influence des trépidations répétées (fig. 104) ; on peut dire qu'elles constituent un contre-écrou, puisque leur action se traduit par un effort énergique des filets de l'écrou contre ceux du boulon.

Les trois dimensions de la rondelle sont cotées sur le plan, quoiqu'on achète ces pièces en séries courantes.

Boulons de scellement. — Il faut comprendre par boulons de *scellement* ceux qui, noyés dans un massif de maçonnerie et faisant corps avec elle par intervention du plâtre, du ciment, du soufre, sont inébranlables après la prise ; ils sont moins importants que les boulons de fondation proprement dits et en conséquence ne s'emploient que pour liaisonner le poids mort du massif à des bâtis de machines relativement légères.

Pour que l'ensemble de la fondation et de la pièce présente une résistance énergique à l'arrachement et aux trépidations, même avec interposition de rondelles élastiques, une excellente méthode consiste à asseoir toute la maçonnerie sur une plate-forme de béton (fig. 105, 106).

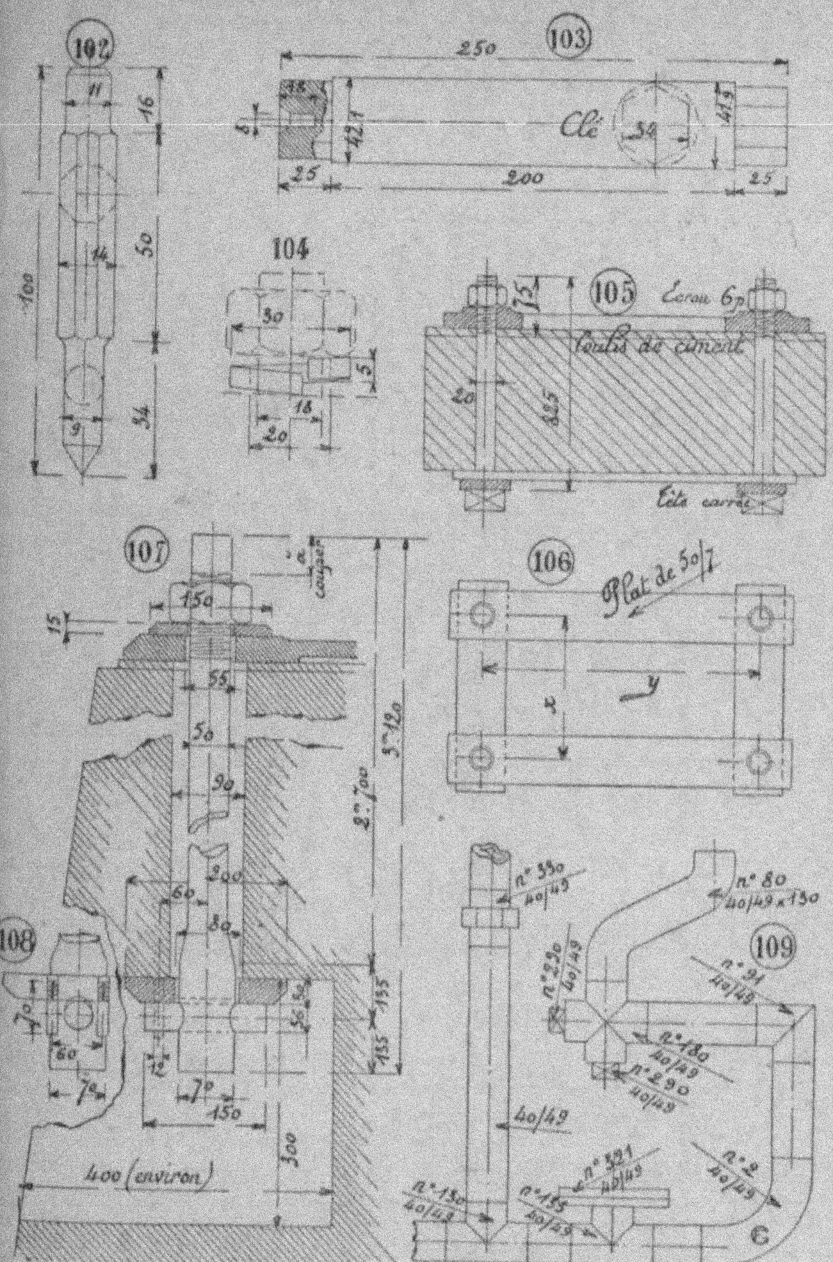

102
103
104
105
106
107
108
109
250
200
Clé
Écrou 6p
Coulis de ciment
Tête carrée
Plat de 50/7
400 (environ)

Fig. 102 à 109.

A ce moment, on dispose un cadre de 4 fers plats (ou plus si les contours l'exigent) indépendants et bien dégauchis, percés avec jeu à l'écartement respectif des axes ; les têtes, écrous ou queues de carpe des boulons sont placés dans le béton, en dessous de ce cadre rudimentaire ; puis on monte la maçonnerie : briques, caillasse ou béton.

De temps à autre, on ébranle les tiges en saillie pour qu'elles conservent de la gaité ; avant d'arriver à hauteur, on vérifie les distances et le dégauchissement, ordinairement rapporté à l'arbre d'une poulie ou à un axe installé parallèlement à proximité ; on arrête définitivement la verticalité des boulons au moyen de piges en bois, par exemple, puis on monte à niveau à 1 centimètre ou 2 près en moins.

Avant que la prise soit absolument effective, on remue encore les tiges de scellement pour permettre une variation réduite dans les distances d'axes ; enfin on présente le gabarit de pose ou, préférablement, le socle lui-même, que l'on asseoit sur des cales *en fer* avant d'y couler le ciment.

Quoi qu'il advienne de la suite des opérations, il est évident que ces boulons de scellement, une fois munis de leurs écrous de serrage, assureront une homogénéité parfaite de la masse entière : poids total du massif et de la machine.

Boulons de fondation. — Leur différence avec les boulons de scellement réside dans le fait qu'ils doivent pouvoir être remplacés et que, dans la plupart des cas, ils sont employés pour des montages sujets à plus d'aléas et s'appliquant à la fixation de machines plus lourdes.

En résumé, le boulon forme entretoise (fig. 107-108).

Raccords pour tubes. — Une industrie extrêmement intéressante s'est créée, qui facilite singulièrement les dessins et les montages des canalisations, vapeur, eau, air comprimé, etc. ; c'est celle des raccords dits en acier, mais, en réalité, en fonte malléable.

Les tarifs qui les concernent offrent toutes les combinaisons désirables et suppriment maintes pièces de chaudronnerie coûteuses et sans garantie, soudure autogène exceptée ; mais on sait que ladite soudure autogène est déjà une simplification du travail auquel s'astreignaient nos devanciers.

De ce que ces raccords sont fabriqués en séries, il résulte (fig. 109) que la mention de leur numéro, sur le catalogue de telle année, est suffisante pour les définir sans conteste.

Cependant, en raison de leur modernité, ils seront souvent pris en exemples de dessin, car leur tracé comporte des coupes et des intersections classiques ; le seul regret à formuler c'est que leurs dimensions de base, au tarif, soient exprimées en mesures anglaises : pouces et fractions de pouce, et seulement d'une façon approchée.

Schéma d'un plancher ordinaire. — Le plan des murs est donné (fig. 110) ; on connaît par ailleurs le poids total susceptible, couramment ou exceptionnellement, d'être supporté par la surface correspondante ; le bureau des études a, en conséquence, déterminé les échantillons des solives en bois ou les profils des fers I qui donneront toute sécurité ; on a remis au tâcheron le plan de pose ci-joint dont les détails secondaires sortent du cadre de ce volume.

Manchon d'accouplement à plateaux. — Les abouts des arbres sont clavetés avec les deux moitiés du manchon ; comme la transmission est supposée exposée à supporter de grands efforts, les plateaux sont emmanchés, le plus souvent, à la presse hydraulique (fig. 111) ; l'extérieur est tourné parce qu'à la rigueur cet organe de la transmission peut tenir lieu de poulie.

Petit presse-étoupe. — Ce presse-étoupe n'est pas

fondu avec le couvercle du cylindre vertical ; il est rapporté en son centre sur un bossage grâce auquel le dessus du plateau peut rester brut ; il est liaisonné au plateau par une douille à filetage dur que l'on visse par le secours des méplats ou du six pans de l'embase inférieure.

L'alésage de la douille de fixation doit être précis et exécuté, de préférence, en se centrant sur le cylindre ; les matières désignées sous l'appellation générique d'étoupe entourent et serrent la tige ; elles sont lubrifiées par le godet figuré à la partie supérieure ; on règle l'étanchéité au moyen d'une troisième pièce ou grain qui doit posséder une certaine liberté, afin de n'être pas une cause de frottement exagéré et de laisser l'huile arriver dans toutes les parties en mouvement (fig. 112).

Joint à emboîtement. — Il sert à réunir les tuyaux en fonte pour distribution d'eau dans les villes ; le bout mâle entre dans l'emboîtement et se termine par un petit cordon venu de fonderie ; à la pose, on bourre d'étoupe goudronnée et fortement tassée ; puis on aveugle l'entrée de l'emboîtement par une collerette d'argile qui ne laisse d'ouverture qu'à la partie supérieure.

C'est par ce trou qu'on coule du plomb fondu pour remplir l'intervalle des deux tuyaux ; le plomb est ensuite maté jusqu'à ce que l'étanchéité soit absolue ; dans le bout femelle une petite gorge circulaire a été ménagée, pour mieux maintenir le plomb (fig. 113).

Poulie en fonte. — Cette poulie est à *jante* bombée et à bras droits ou à bras courbes ; le bombement a pour but de mieux rappeler la courroie au milieu de la poulie ; le modèle de cette pièce est *à dépouille* pour sortir aisément du moule en fonderie.

Elle est clavetée sur l'arbre de transmission, près de son extrémité et en porte à faux du palier ; on peut donc, au besoin, la retirer facilement (fig. 114).

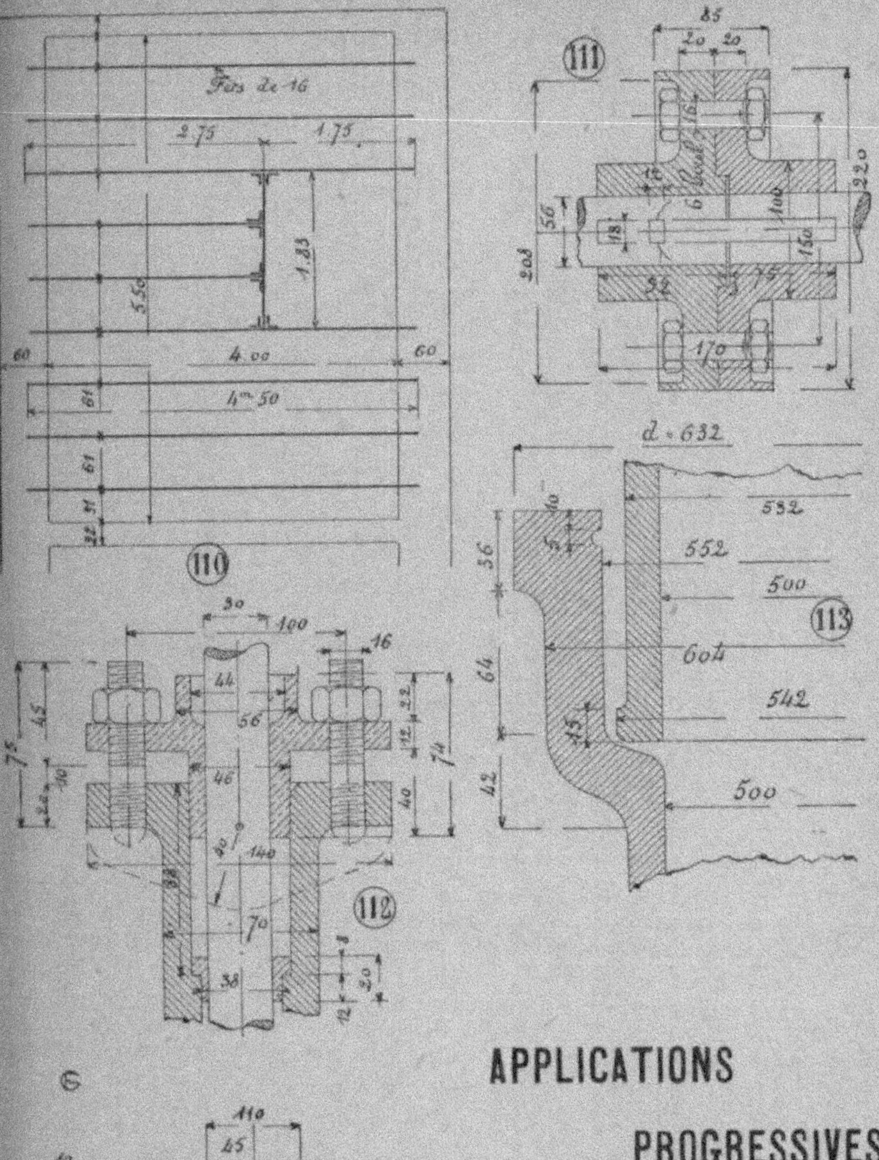

APPLICATIONS

PROGRESSIVES

Fig. 110 à 114.

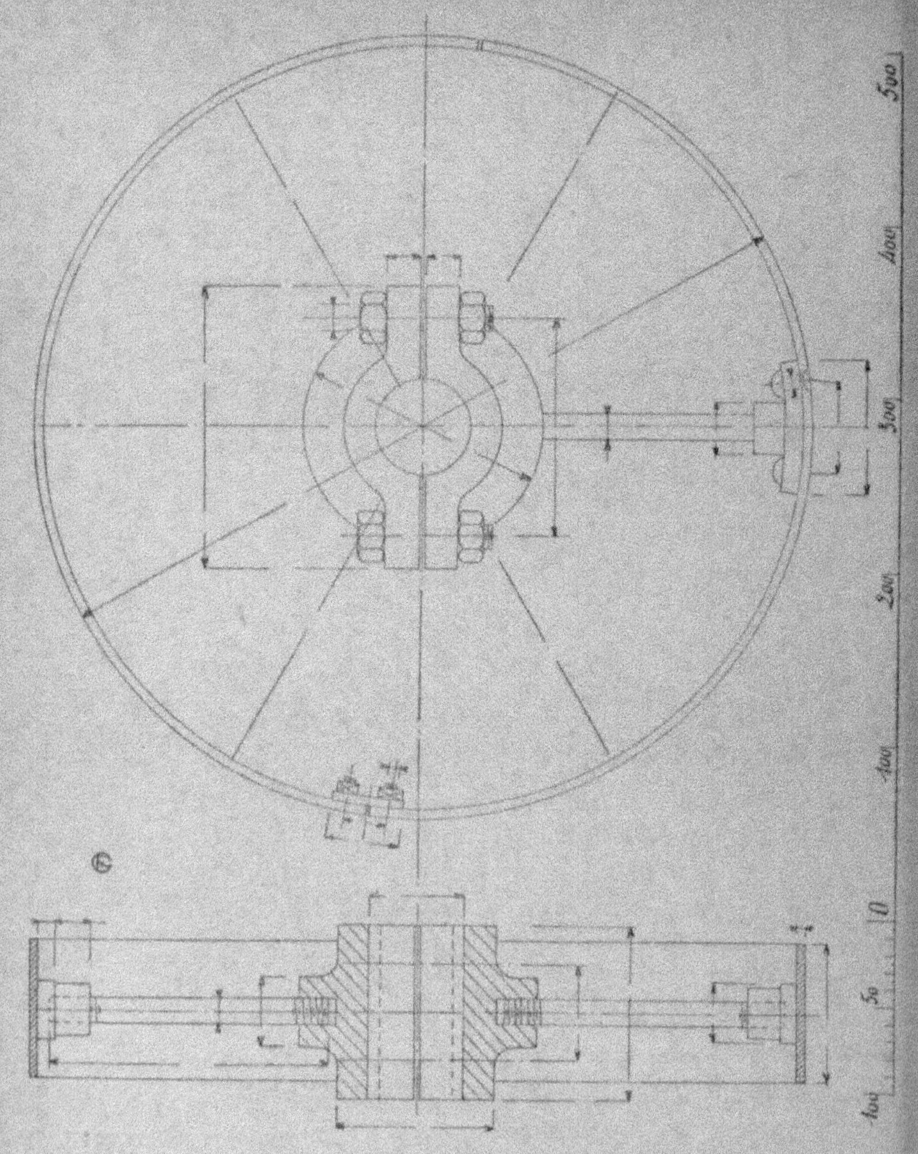

POULIE EN 2 PIÈCES

Echelle : 0ᵐ 200 p. m.

Fig. 115 et 116.

Poulie en deux pièces. — Sauf le moyeu qui est en fonte, le dessin montre une poulie en fer ; ce système, étant plus léger que le précédent, charge moins la transmission ; il a en outre l'avantage d'une mise en place, d'un réglage et d'un démontage plus faciles ; on n'emploie pas de clavette, l'adhérence obtenue par le serrage des boulons suffisant à l'entraînement (fig. 115, 116).

Cette planche ne comporte aucune cote dans l'intention que, s'il plaît au lecteur, l'organe figuré en partie puisse être terminé par lui à titre d'exercice, en se servant de l'échelle.

Il en serait de même pour une **Poulie folle**, où le moyeu est garni d'une douille en bronze que l'on change quand l'alésage s'est agrandi exagérément par usure ; il faut toujours prévoir un graissage continu de cet organe qu'il est bon de surveiller de loin en loin.

L'exemple suivant n'est pas coté non plus, afin que l'on se familiarise peu à peu avec les échelles et les détails d'un plan.

Palier simple. — Le réglage de la transmission se fait par les paliers, dans les trois sens : hauteur, horizontalité et parallélisme ; leur montage demande donc des précautions pour qu'il n'y ait ni frottement trop dur, ni même gauchissement ou flexion de l'arbre.

Un palier est composé, en principe, du bâti, des coussinets et du chapeau ; les boulons de ce chapeau et le godet graisseur parfois indépendant, sont des accessoires indispensables (fig. 117 à 120).

Palier graisseur à bague. — Les figures de ce tableau comportent des traits de force, à titre d'exercice (voir la théorie en 2ᵉ partie) ; les cotes essentielles seulement y ont été portées ; grâce à l'échelle on les complètera s'il convient au lecteur (fig. 121 à 123).

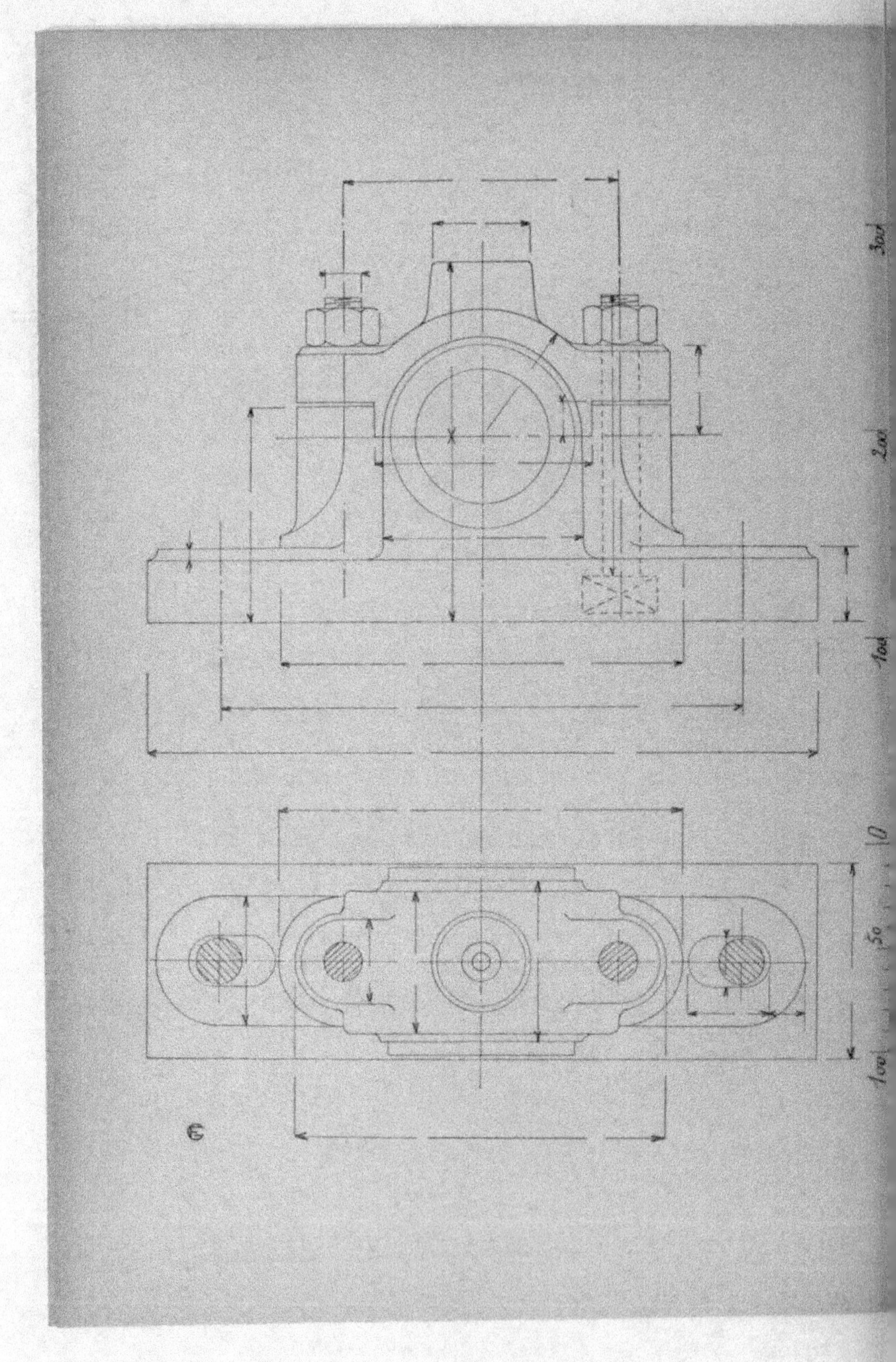

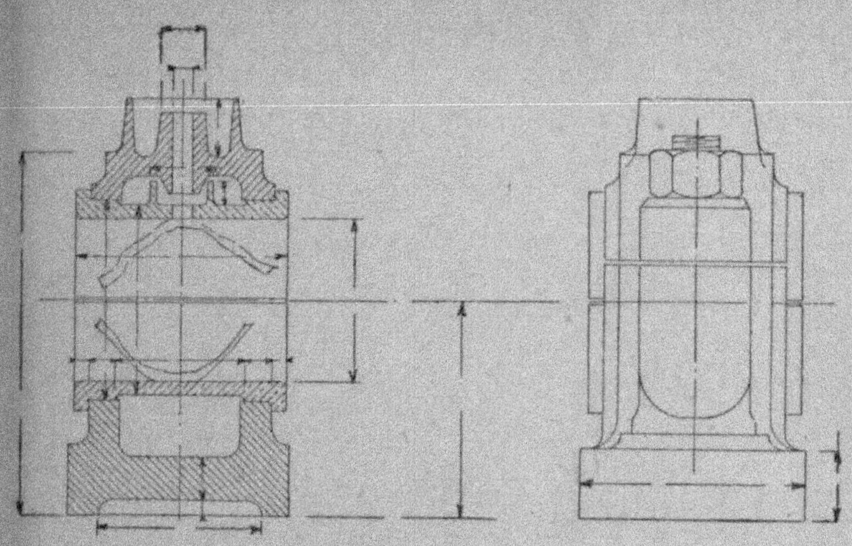

Palier Simple

Fonte et Bronze

Echelle : 0^m 275 p. m.

(*A modifier avant l'entrée aux Archives.*)

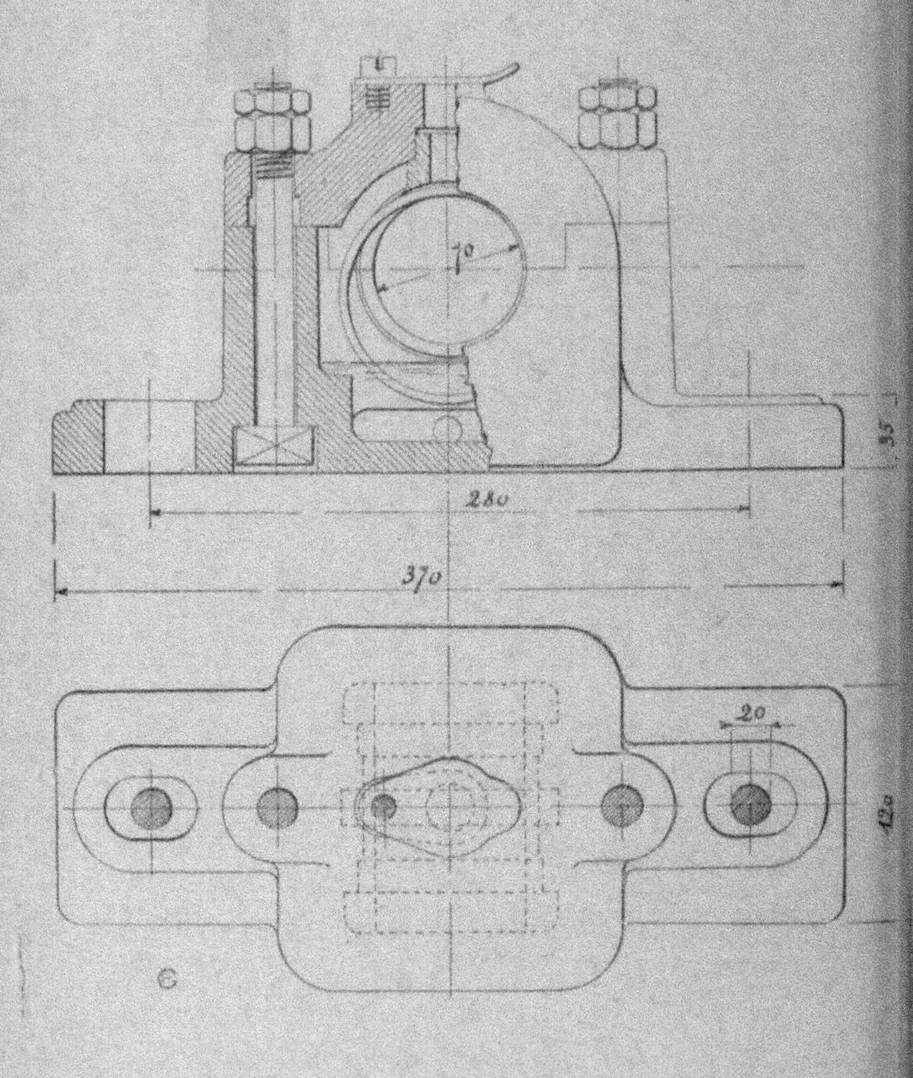
70
280
370
35
20
120

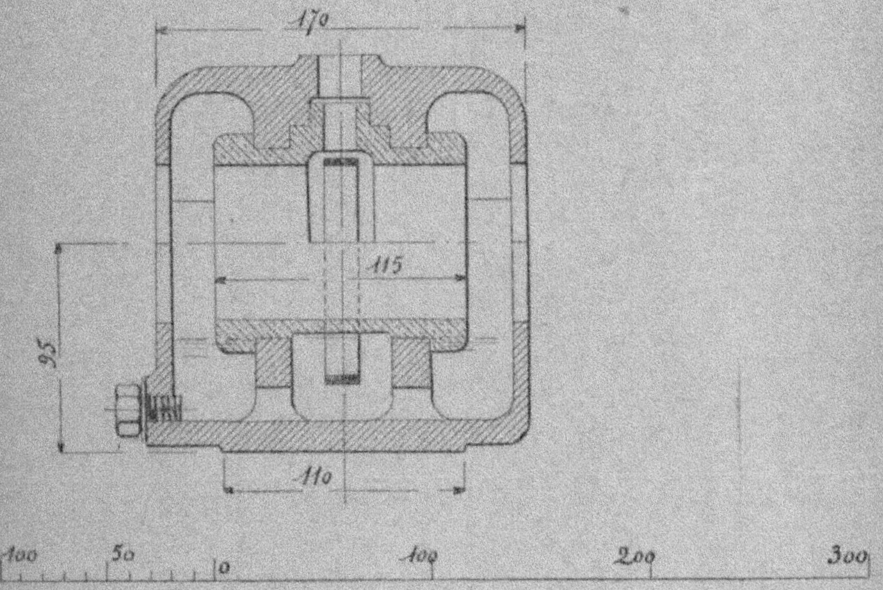

PALIER GRAISSEUR A BAGUE

Echelle : 0^{m}250 p. m.

Fig. 121 à 123.

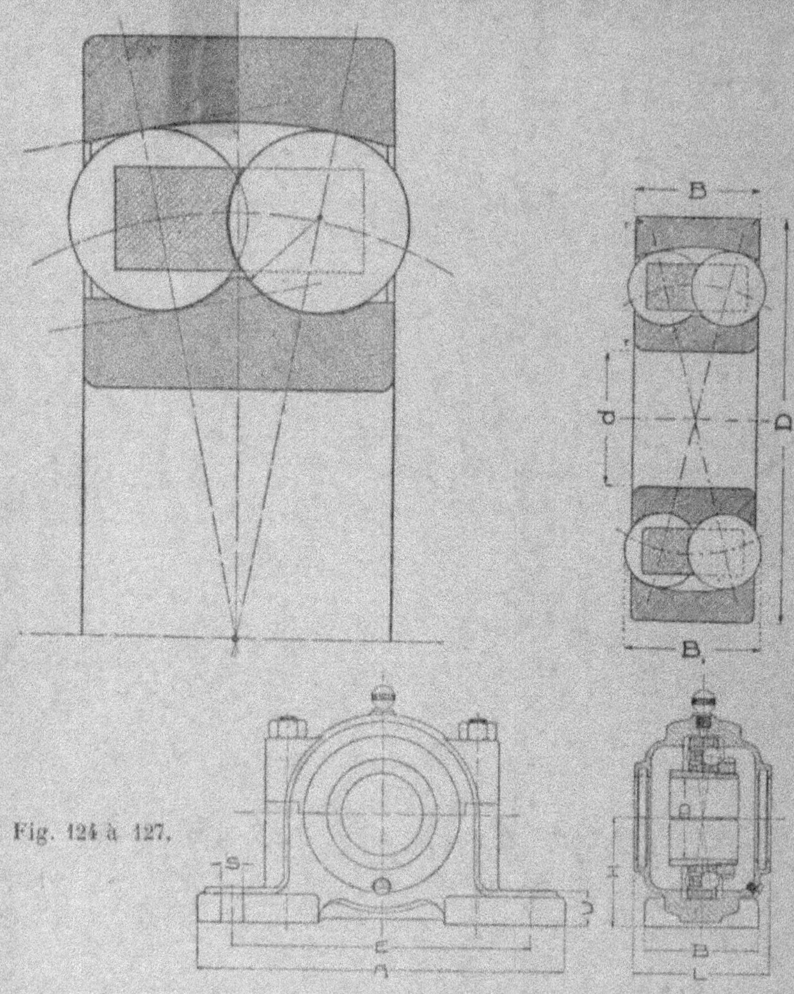

Fig. 124 à 127.

Roulement à billes. — De même que ci-dessus, l'indication des dimensions principales strictement nécessaires est mentionnée pour ces organes de transmission extrêmement intéressants ; la théorie du roulement est montrée (fig. 124) ; les autres dessins permettent de trouver les cotes sur un album-tarif selon le diamètre et la force à transmettre (fig. 125).

Palier à billes. — Fig. 126, 127.

Renvoi de tour. — Au moyen de quelques-uns des éléments ci-avant figurés, on compose facilement le plan d'installation de ce renvoi (fig. 128).

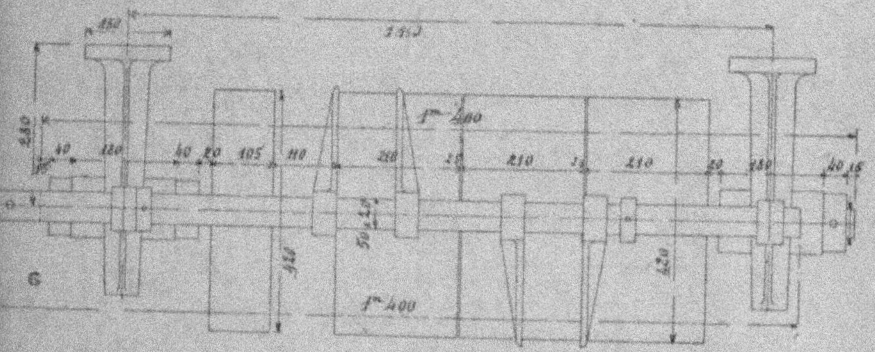

RENVOI DE TOUR

Fig. 128.

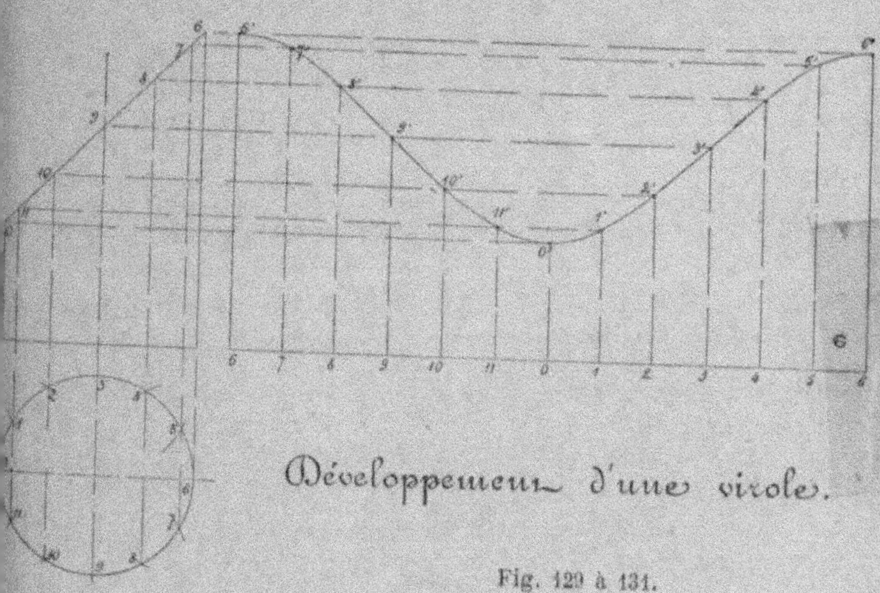

Fig. 129 à 131.

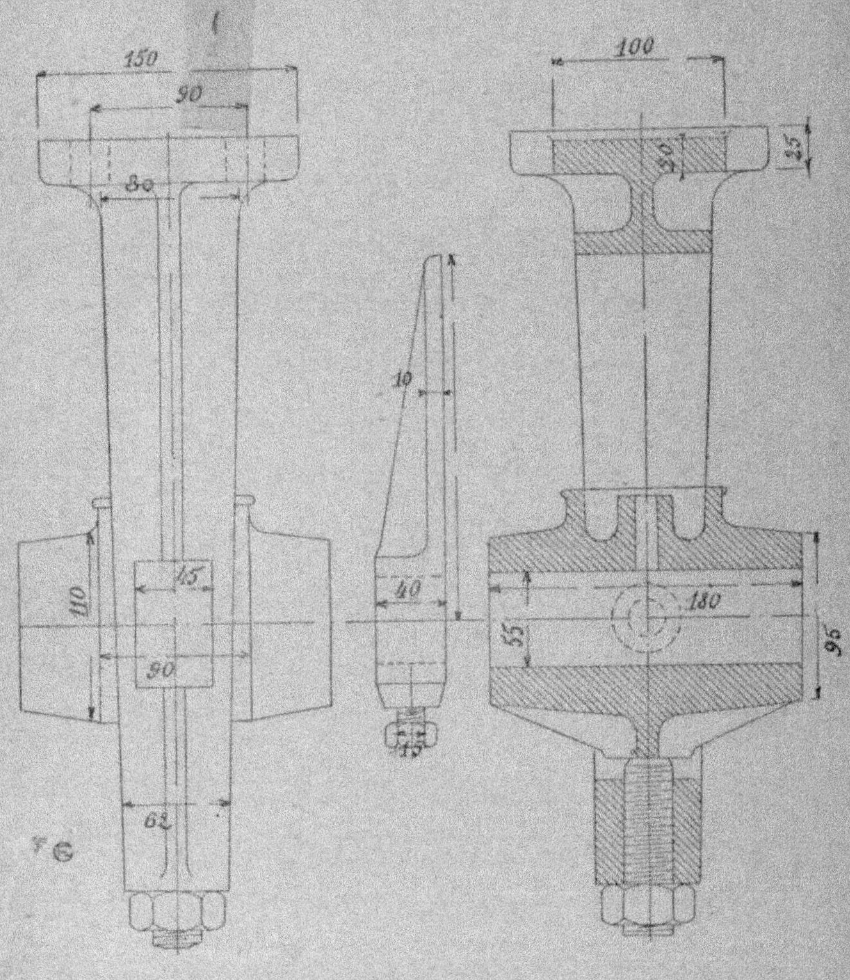

Chaise-Console

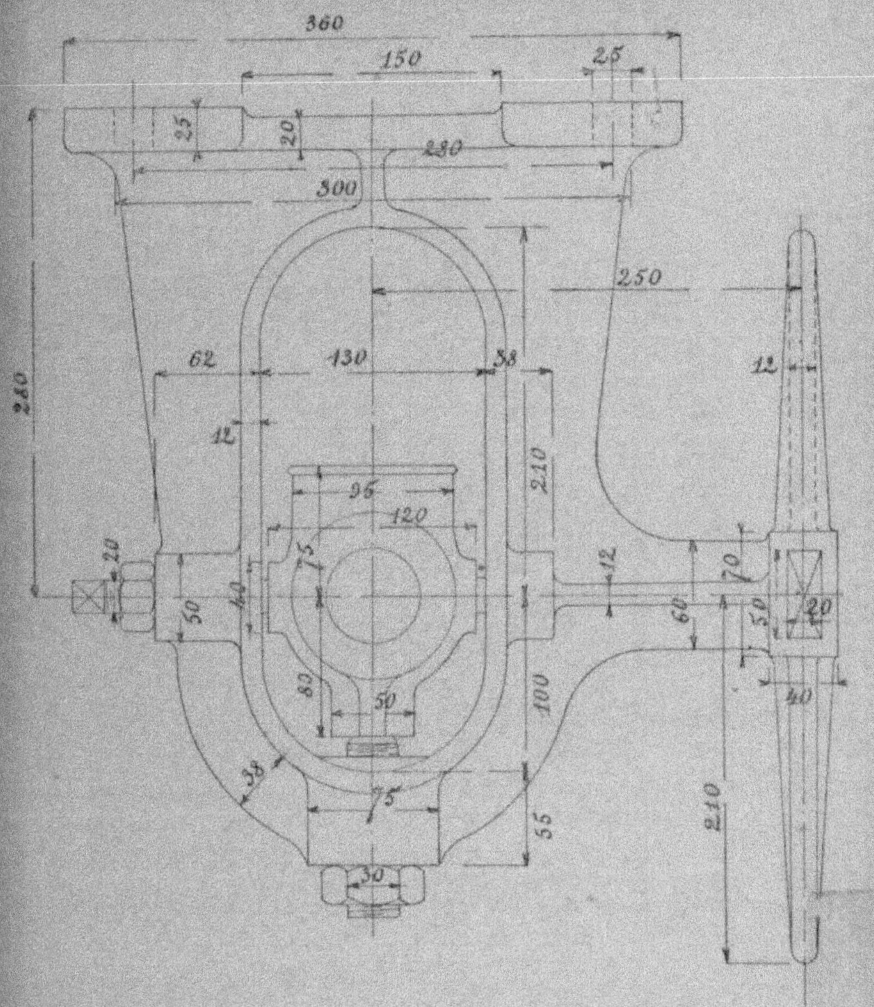

Echelle : 0^m200 p. m.

Fig. 132 à 135.

Croquis d'un Robinet de 35 (bronze)

136 Boisseau
tourné
70
55
tourné
48
24
24
35
d = 47
d = 120
52
13
36
6
tourné
38
49
13
70
70
140

137
Gabarit
des
congés

138
26
48
21
Cotés du passage
du Boisseau

139
Rondelle
36
tourné 26
avec méplat
9
49

140
Méplat
23
26

Clé du robinet de 35
141
34
57
42
80
9
32
24
26
4
21
24
104
36
26
avec manch
19
18
Clé
31
24
10
8
Goupille de 4
15

142
Noyau
56
100
4
40
143
26
Carré de la clé

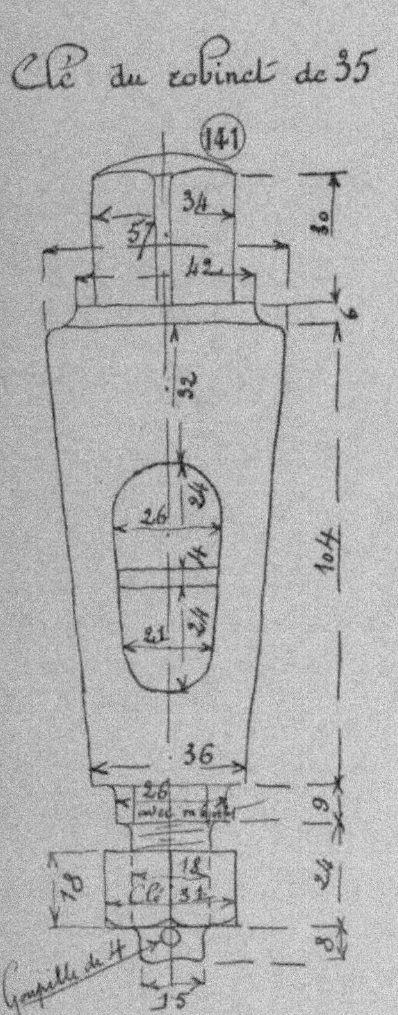

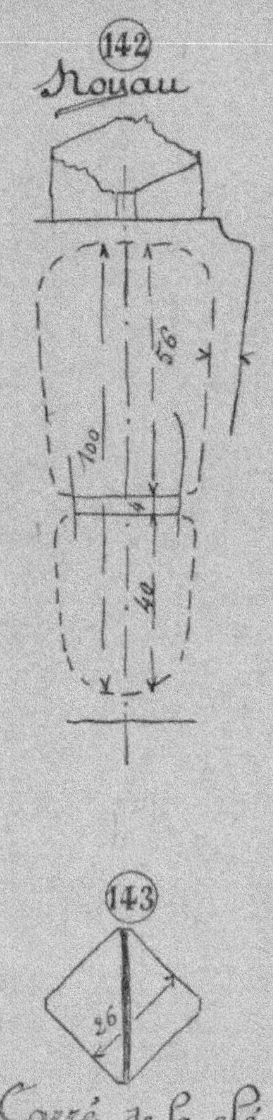

Fig. 136 à 143.

Robinet droit
à écrou en dessous
(Bronze)
Coupe
Rondelle
Clé
Plan - coupe

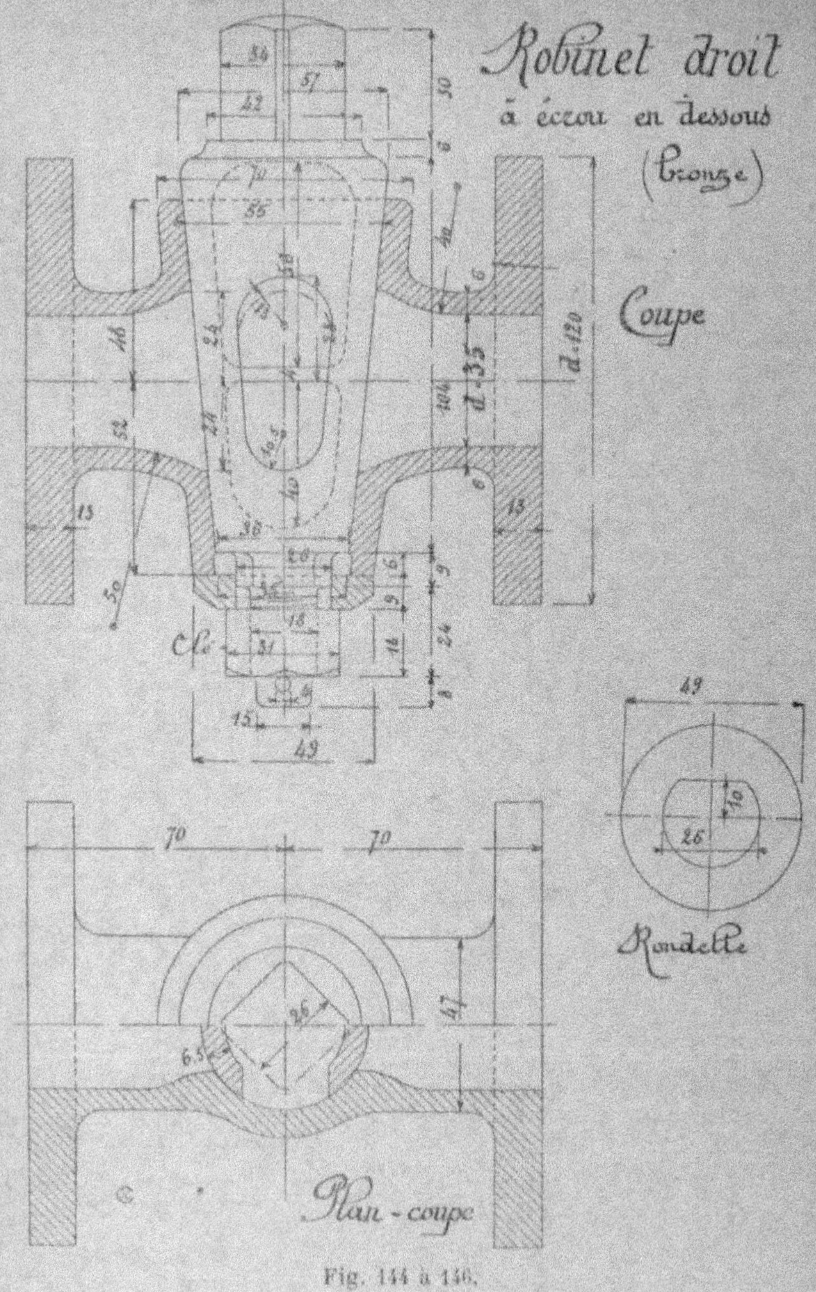

Fig. 144 à 146.

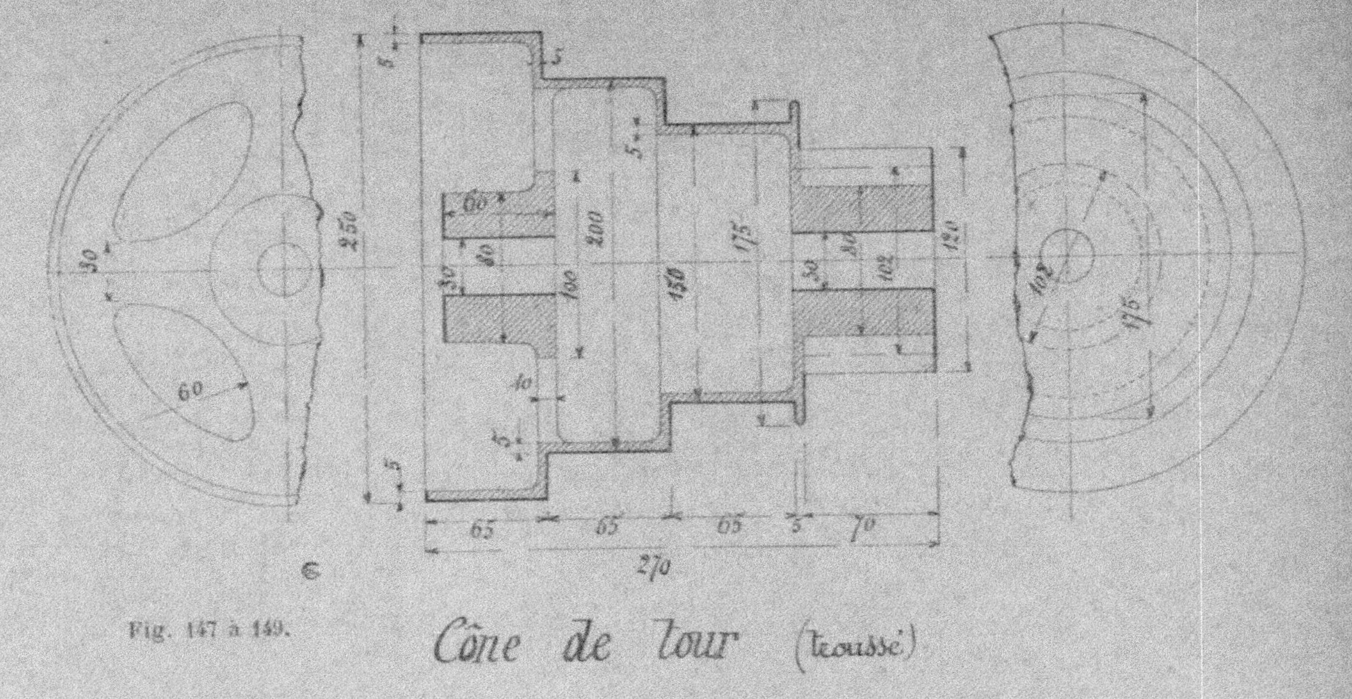

Fig. 147 à 149.

Cône de tour (troussé)

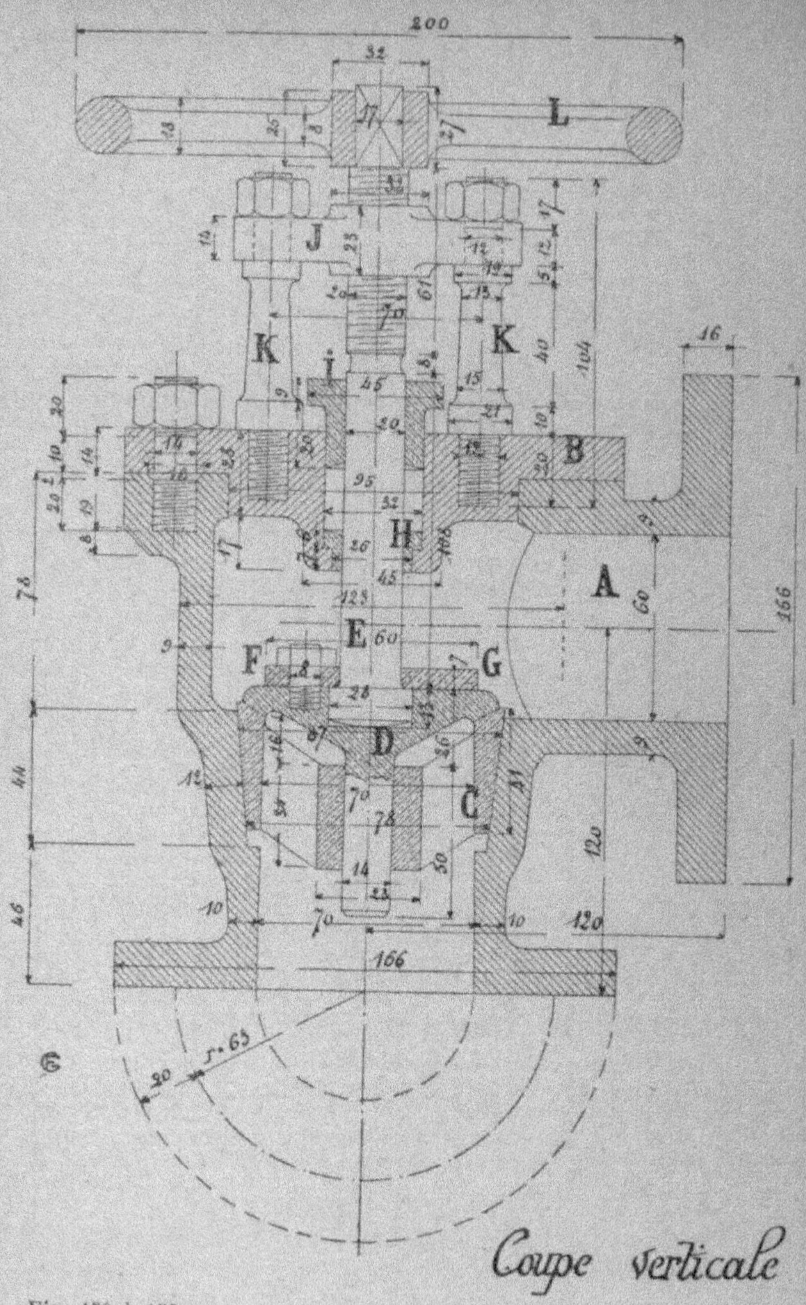

Fig. 150 à 152.

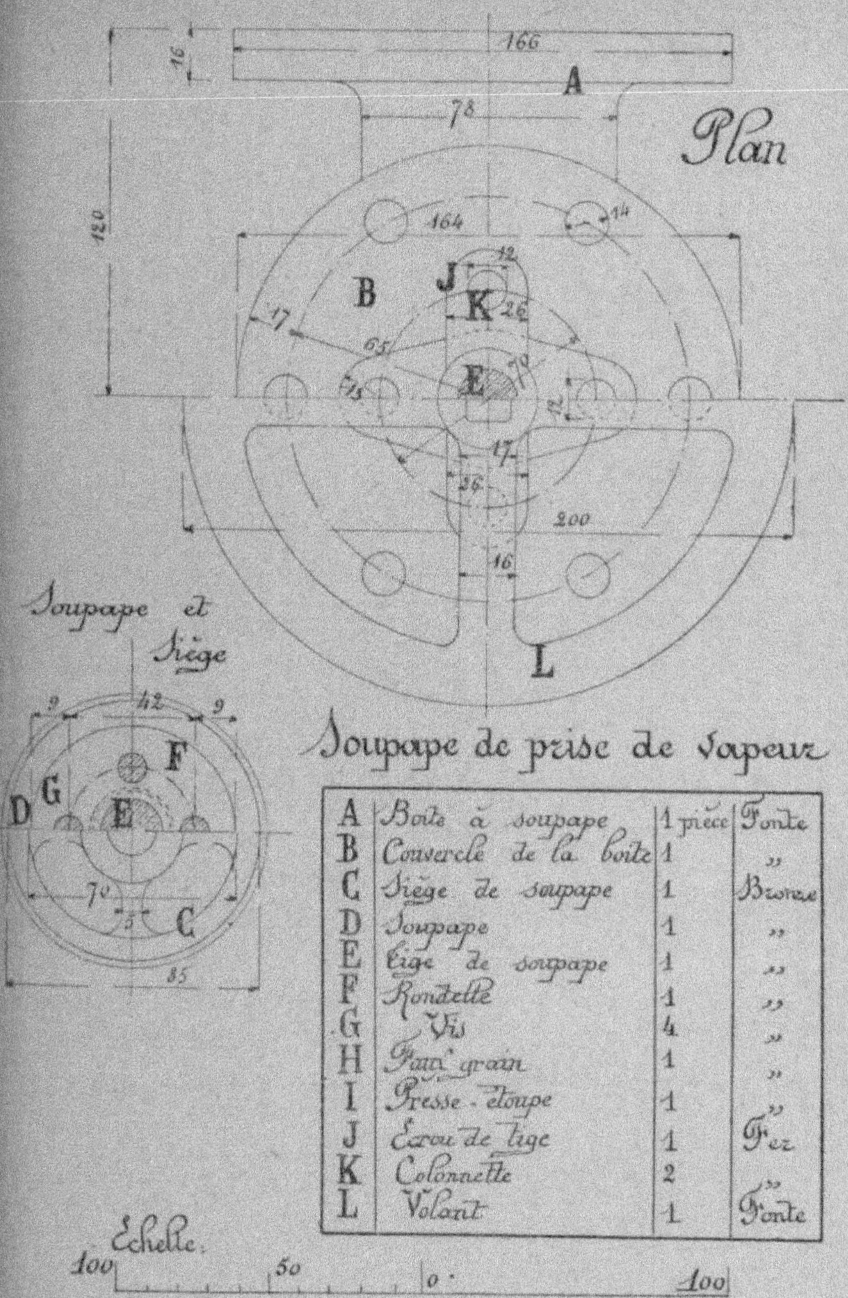

A	Boîte à soupape	1 pièce	Fonte
B	Couvercle de la boîte	1	"
C	Siège de soupape	1	Bronze
D	Soupape	1	"
E	Tige de soupape	1	"
F	Rondelle	1	"
G	Vis	4	"
H	Faux grain	1	"
I	Presse-étoupe	1	"
J	Écrou de tige	1	Fer
K	Colonnette	2	"
L	Volant	1	Fonte

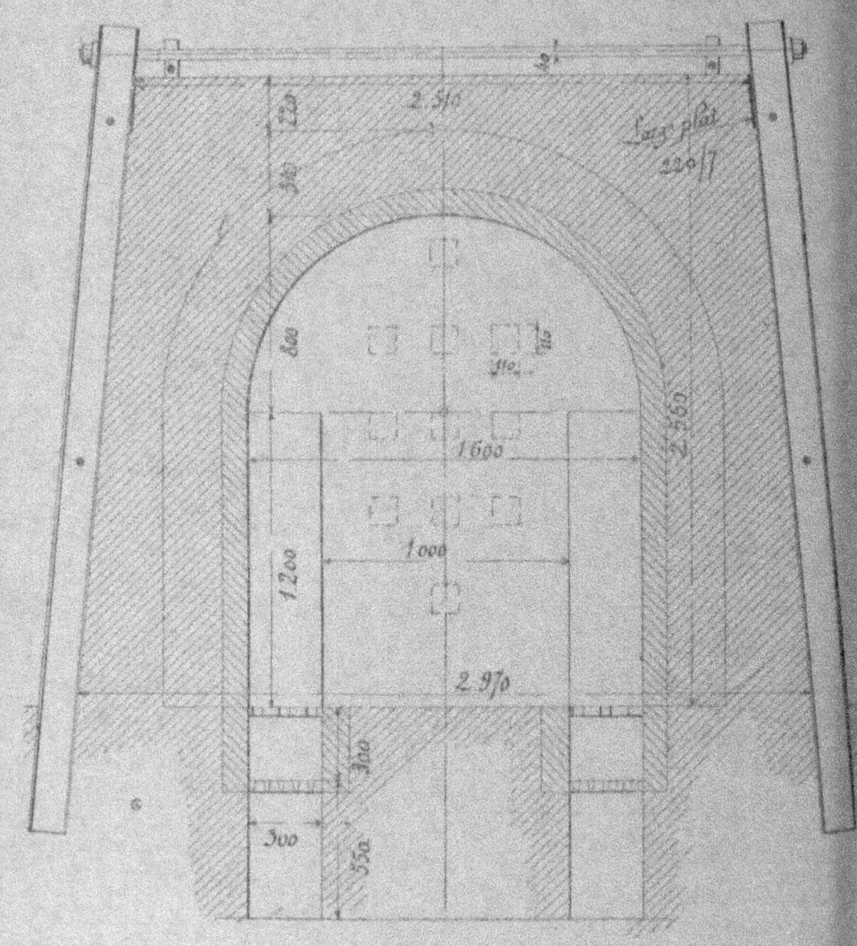

FOUR A DÉCARBURER

Coupe verticale

Fig. 153 à 155.

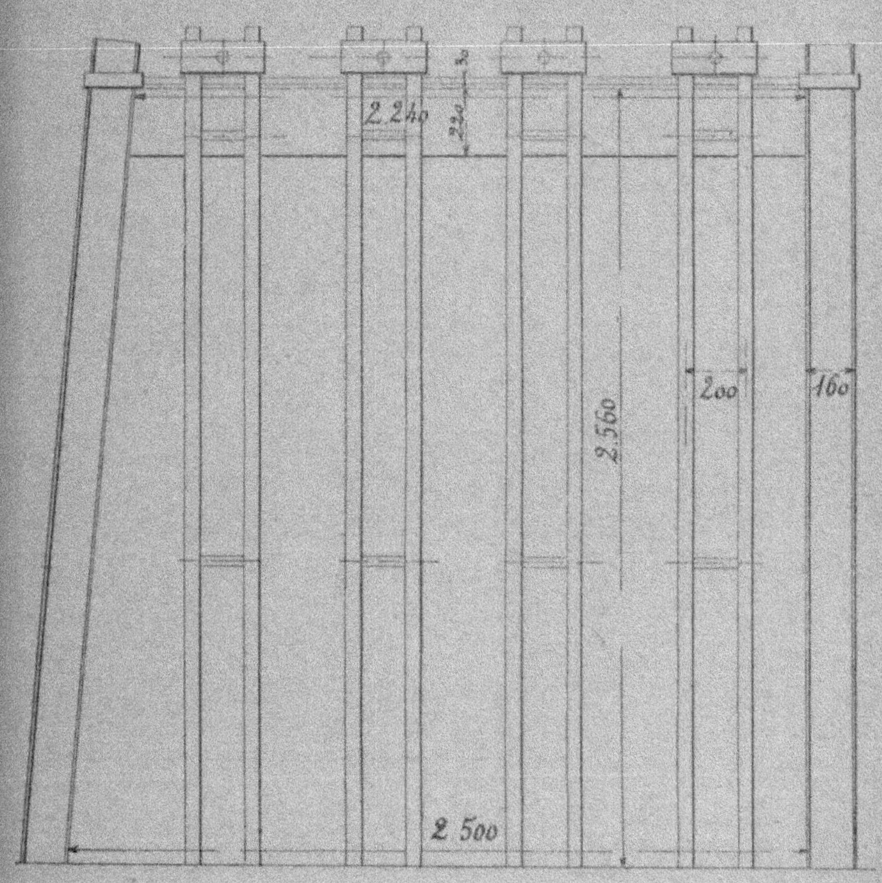

Elévation latérale

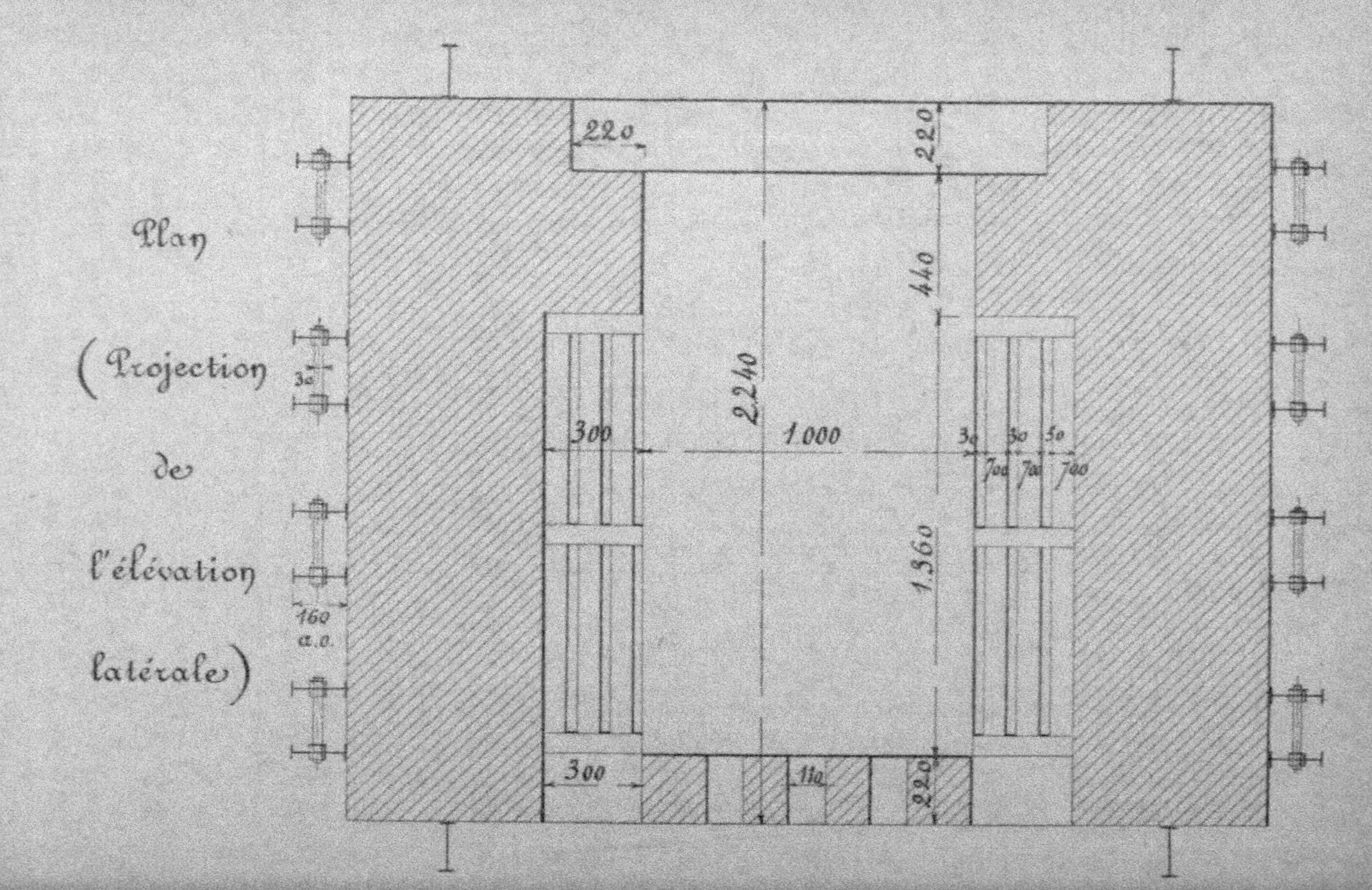
Plan
(Projection
de
l'élévation
latérale)
220
220
440
2240
1000
300
3o
3o
5o
7oo 7oo 7oo
1360
300
11o
220
160
a.o.
3o

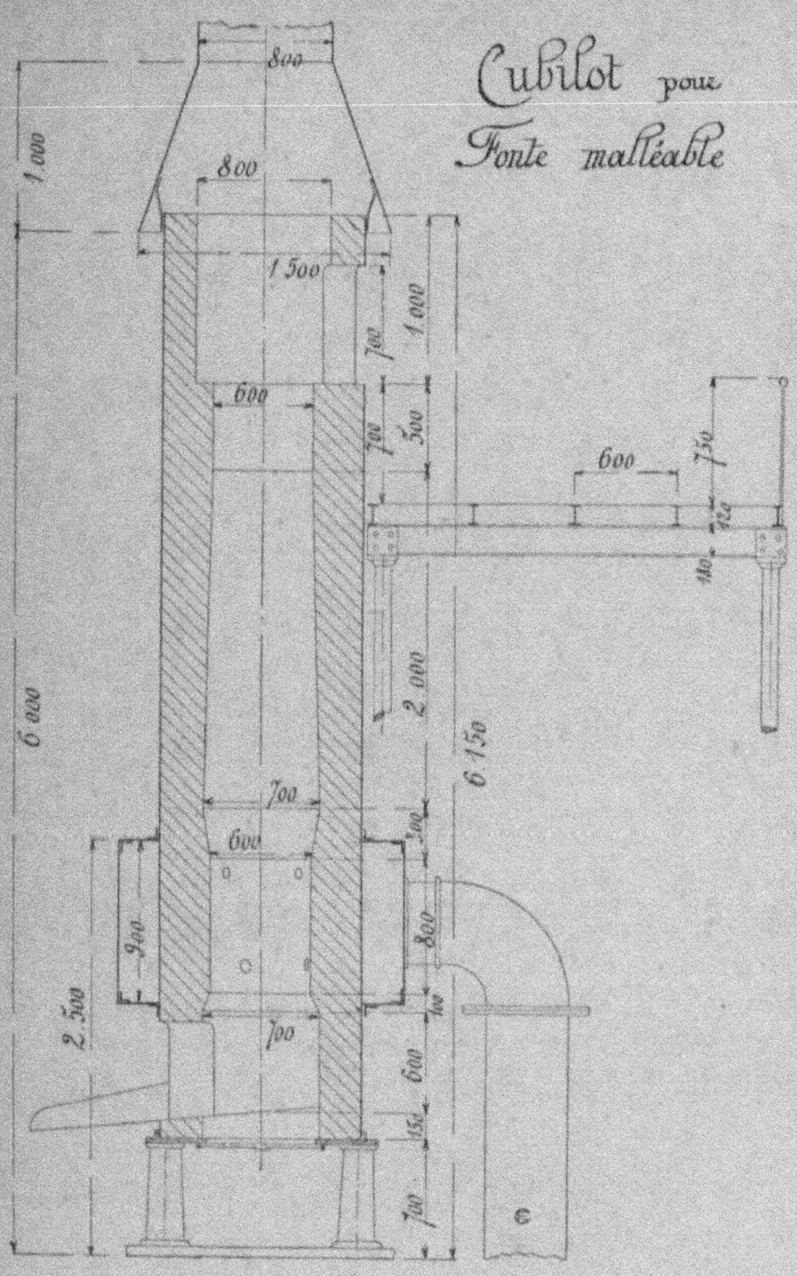

Cubilot pour
Fonte malléable
800
1 000
800
1 500
600
700
1 000
700
500
700
600
2 000
6 150
6 000
750
120
40
700
600
900
2 500
700
800
700
650
700
6
Fig. 156.
5

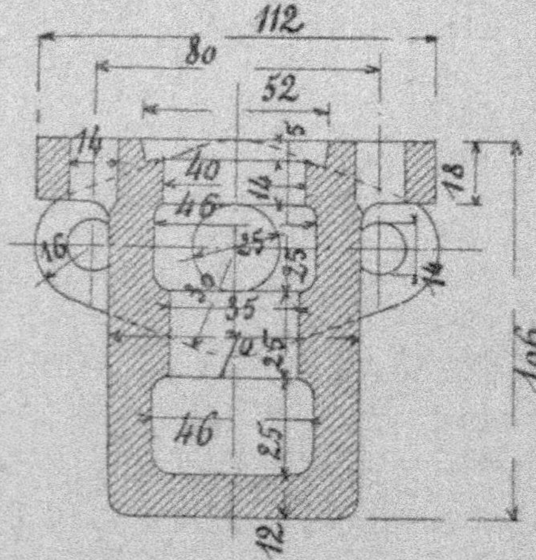

Coupe sur un siège de soupape.

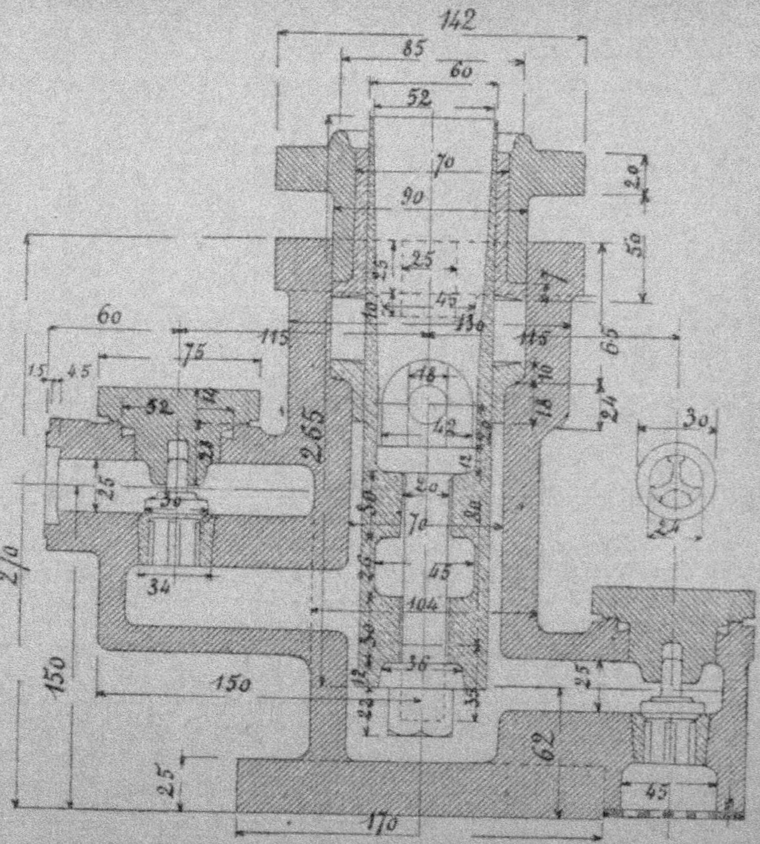

Coupe verticale.

Fig. 157 à 160.

Plan. 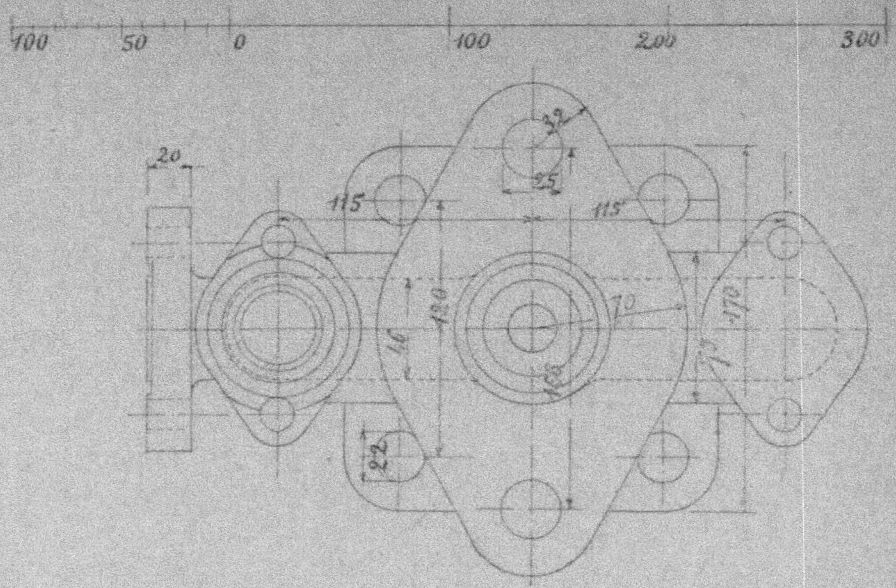
100
50
0
100
200
300
20
115
115
25
22
170
130
16
70
22
POMPE DE PRESSE HYDRAULIQUE
Echelle : 0ᵐ 250 p. m.

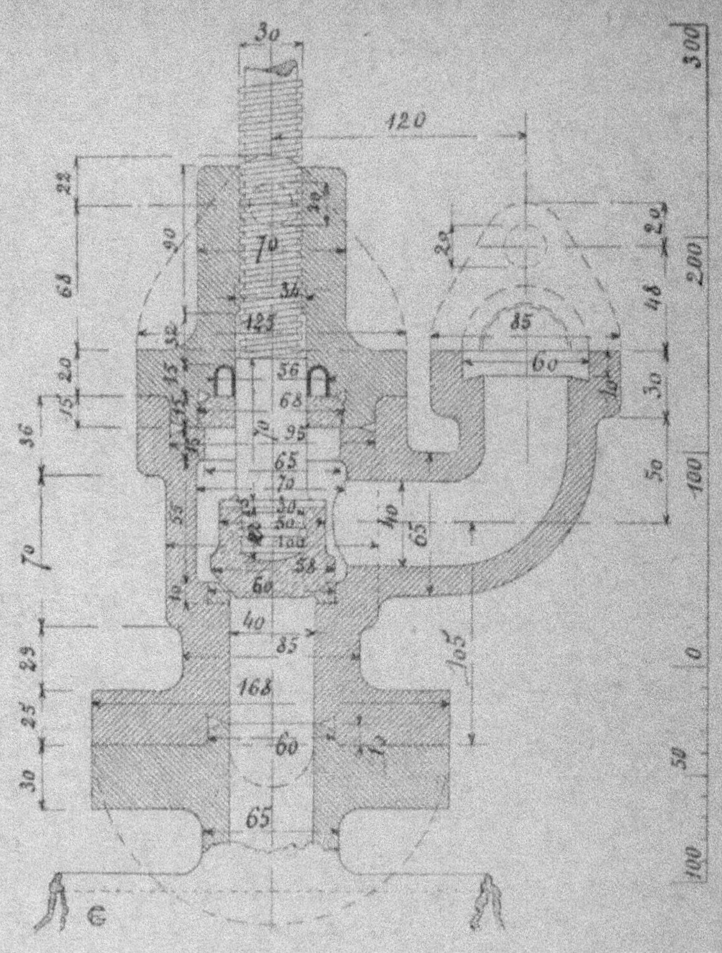

ROBINET DE PRISE D'EAU

Echelle : 0ᵐ 250 p. m.

Fig. 161.

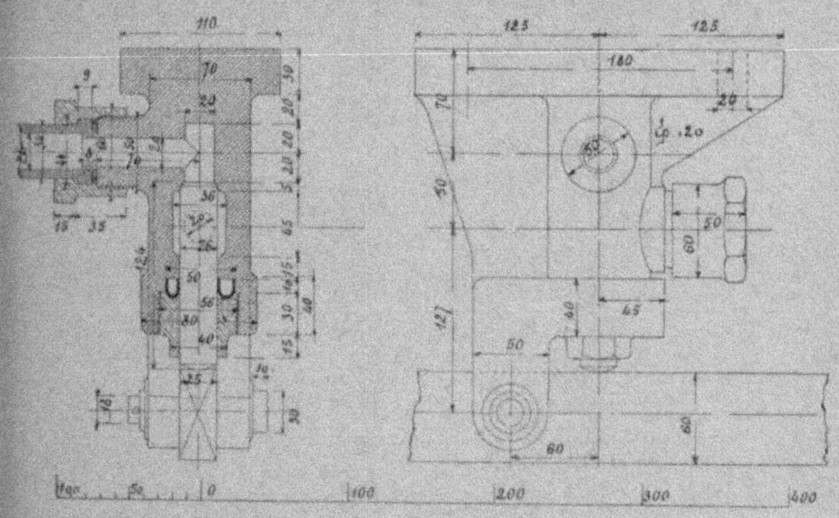

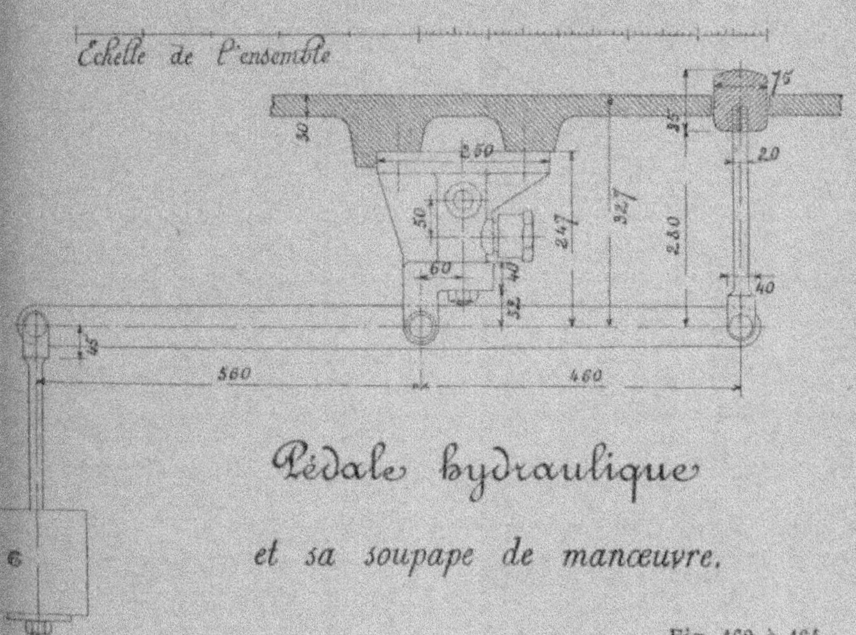

Echelle de l'ensemble

Pédale hydraulique

et sa soupape de manœuvre.

Fig. 162 à 164.

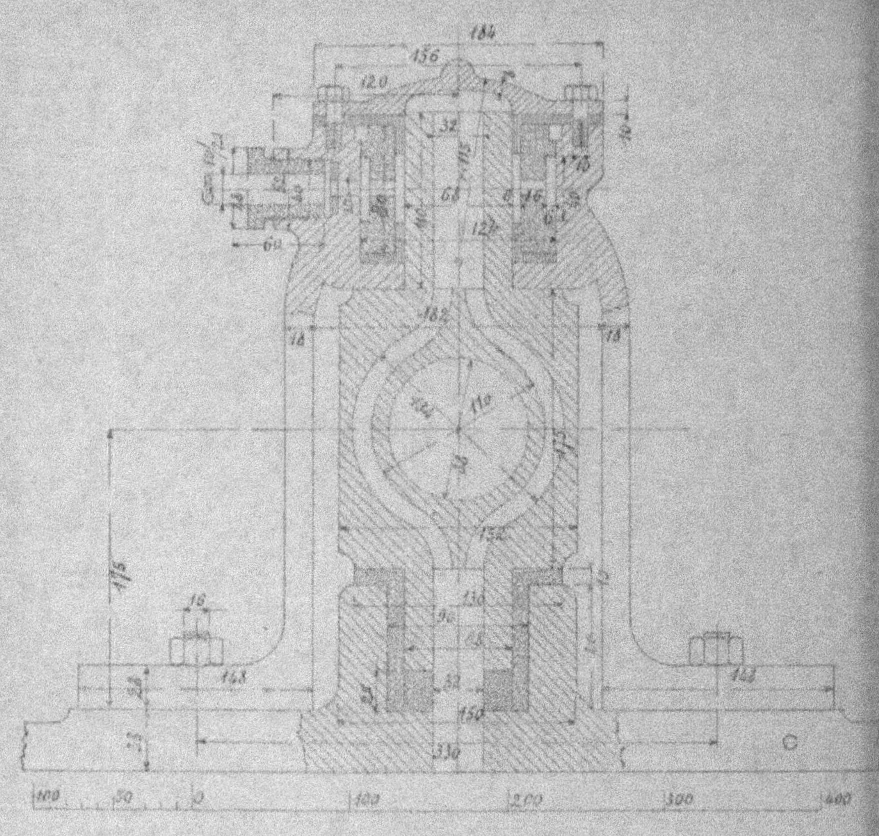

CABESTAN HYDRAULIQUE

Coupes et Distribution.

Fig. 165 à 168.

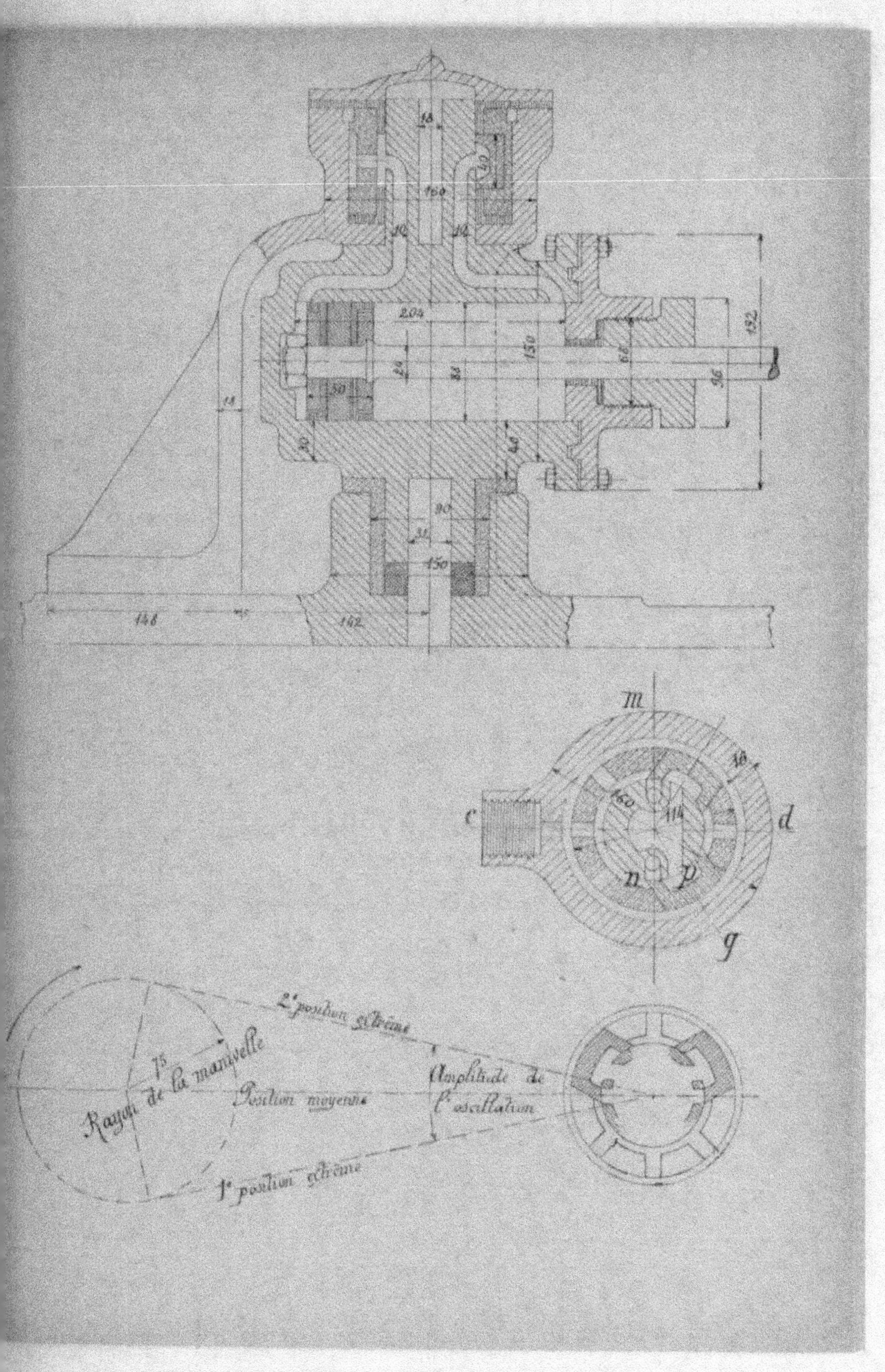

m
c
d
n
p
q
Rayon de la manivelle
2ᵉ position extrême
Position moyenne
Amplitude de l'oscillation
1ʳᵉ position extrême

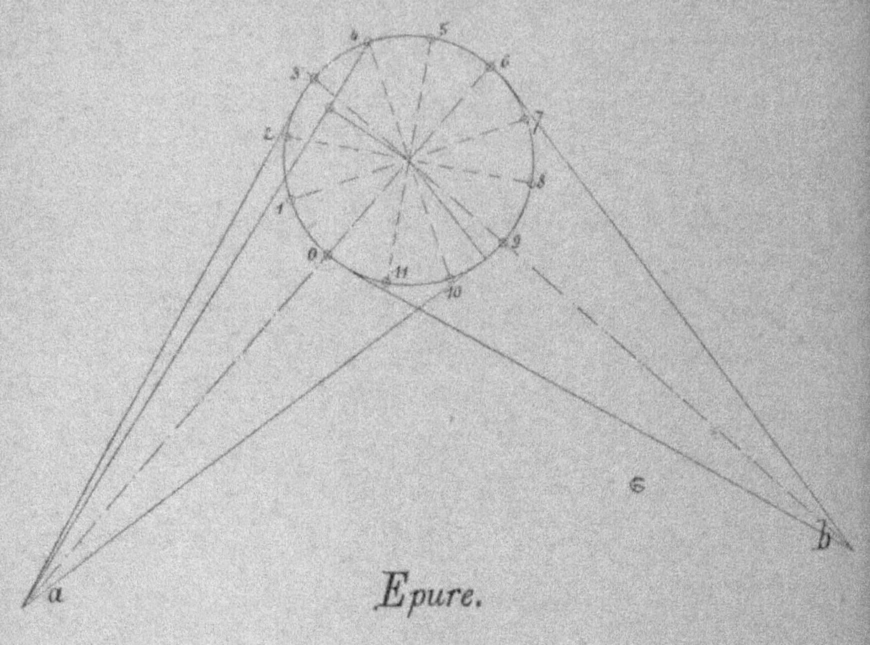

Epure.

CABESTAN HYDRAULIQUE

Variation des efforts pour 2 cylindres à 90°.

Fig. 169 et 170.

Diagramme.

Courbe des moments
des Efforts totaux dans un tour
Courbe des moments
Cylindre β
Efforts se rapportant au cylindre α
β
α
β
α
100ᴷ
50ᴷ·12ᵇ·25
100ᴷ
200ᴷ
300ᴷ
0 1 2 3 4 5 6 7 8 9 10 11 12

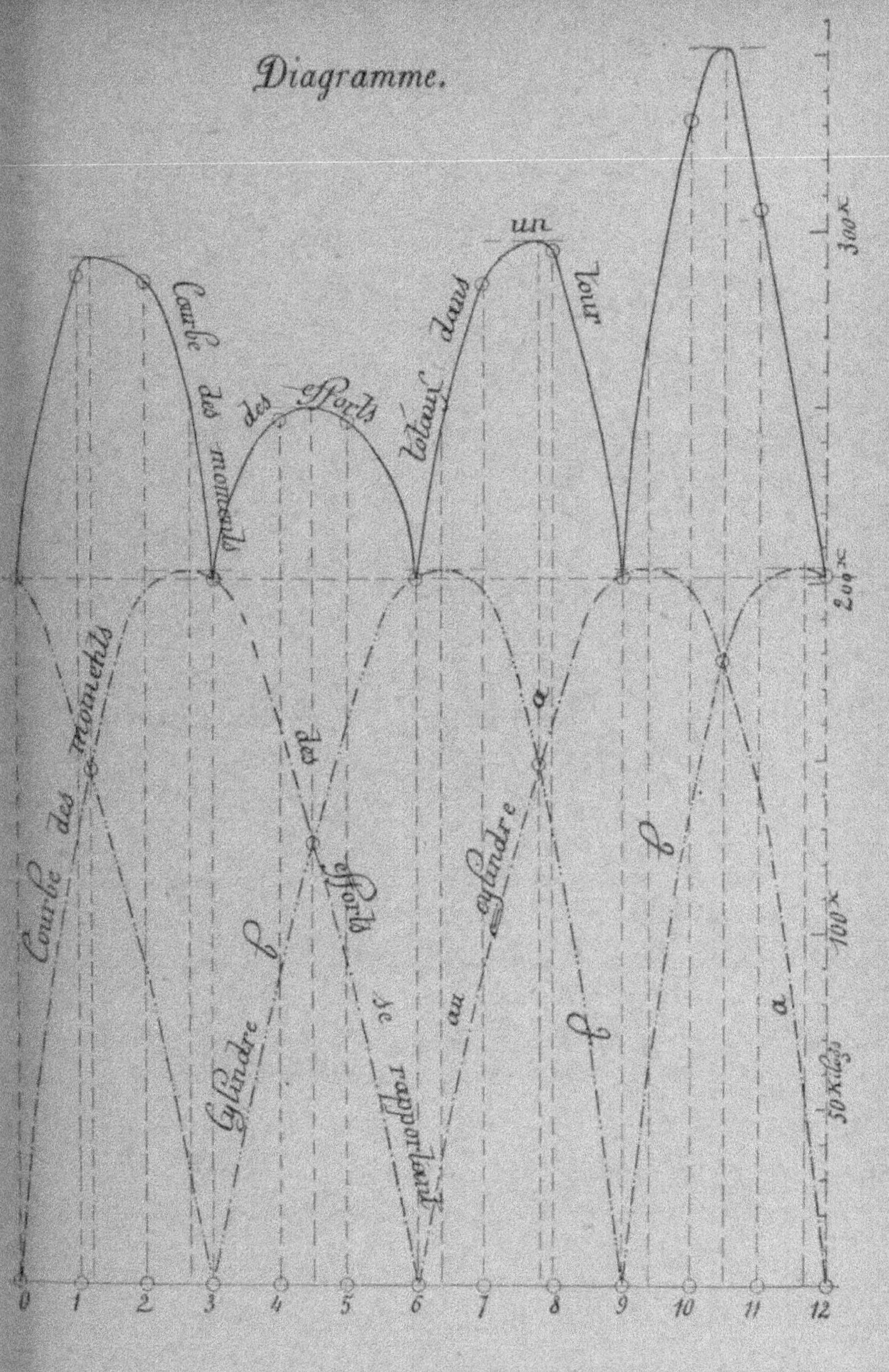

COMPRESSEUR D'AIR VERTICAL

Fig. 171 et 172.

LETTRES DE RÉFÉRENCE

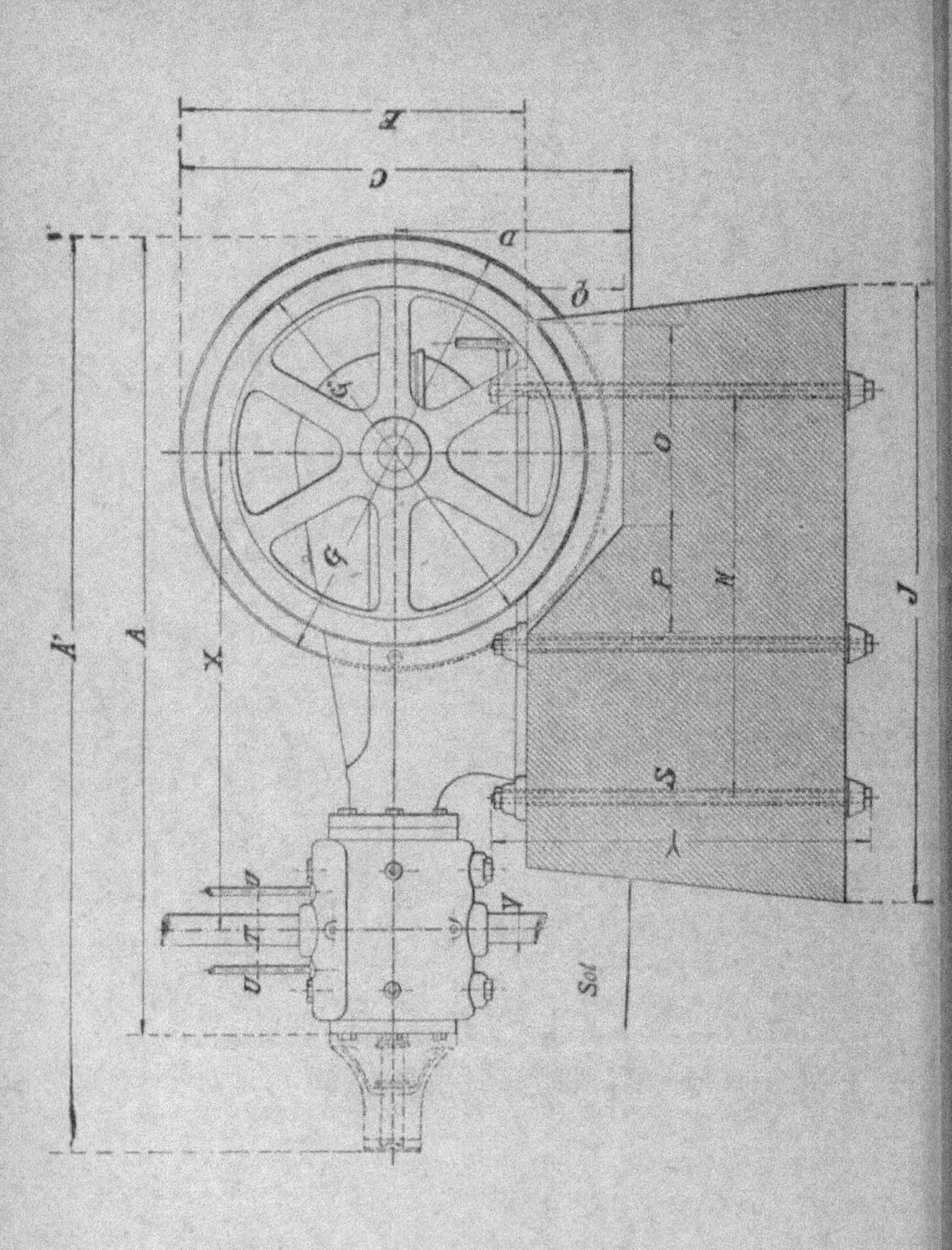

COMPRESSEUR D'AIR HORIZONTAL

Plans d'installation.

Fig. 173 et 174.

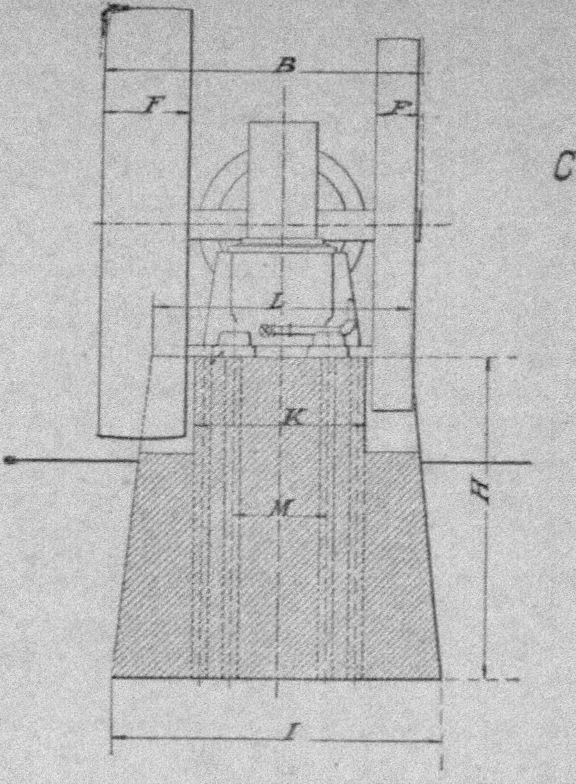

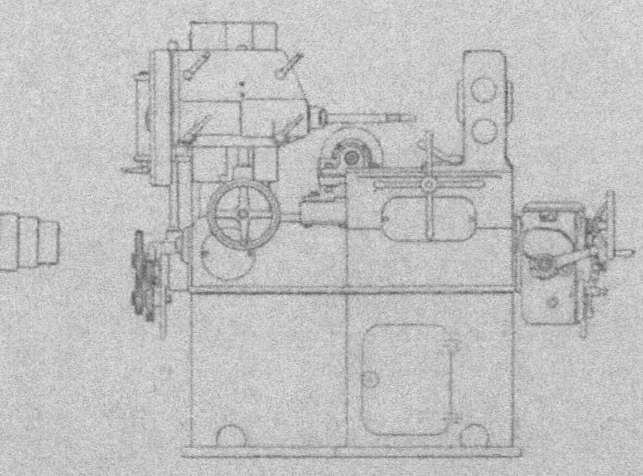

TOUR SPÉCIAL

Fig. 175-176.

DEUXIÈME PARTIE
TRACÉ DES PLANS

CHAPITRE PREMIER

Le **Dessin industriel** est un art ayant des relations étroites avec la **Géométrie** en raison de ce que, dans le *tracé* des plans, ce sont surtout les éléments de cette science dénommés : géométrie plane que l'on applique quant aux méthodes ; par contre, dans l'étude d'un projet ou dans la représentation d'un objet, on fait appel aux théorèmes de la géométrie dans l'espace, ou à trois dimensions, pour exécuter plus ou moins facilement des plans qui seront d'autant mieux présentés que le professionnel se sera figuré bien nettement l'objet en nature ou l'idée à traduire : qu'*il aura eu*, dit-on brièvement.

Les principes généraux qui régissent le tracé des plans découlent donc, en premier lieu, de la géométrie démontrée ou intuitive ; cependant savoir correctement produire des images est encore insuffisant pour faire un bon dessinateur industriel, celui du moins qui exerce sa profession dans un atelier, un chantier, un bureau d'études : il doit connaître la partie, c'est-à-dire *son métier* pour rendre tous les services que l'on attend de lui, et non seulement avoir l'habitude des plans, mais aussi être rompu à certaines particularités, certaines façons ou certains tours de main de l'industrie qui l'emploie ; en conséquence il se doublera d'un praticien.

Sinon, ne remplissant sa tâche qu'incomplètement, il ne ferait jamais qu'un copiste, obligé de se renseigner à tout instant sous peine de produire un travail plus qu'inutile : dangereux, en considération des difficultés d'exécution qui ne sailliraient que trop tard, ou des autres chances de gâchis résultant de son ignorance du métier auquel il est adjoint, dans un poste de confiance.

Néanmoins, les connaissances professionnelles indispensables étant supposées acquises ou en voie de s'acquérir progressivement, on peut vouloir traduire ses idées ou son travail par des plans, que la première partie nous a déjà enseigné être une écriture conventionnelle et universelle, car tous les signes y ont leur signification propre, un sens sur lequel on ne saurait hésiter ; l'habileté en dessin ne dépendra donc plus que du bagage géométrique (si l'on permet) à la disposition de la main qui conduit le tracé et enfin, cela va sans dire, 1° de l'*aptitude* naturelle de cette main, 2° de son *expérience* en la matière (1).

Les plans d'atelier sembleraient être, après cet exposé, un privilège pour des initiés possédant déjà pas mal de qualités avant d'entrer dans la carrière ou, au pis aller, doués exceptionnellement ; il serait fort regrettable que l'on attribuât une aussi capitale importance aux talents du dessinateur, à qui nous ne demanderons, d'abord, que de la *clarté*, purement suffisante souvent.

______

(1) Façon de se faire comprendre hors de l'Académie.

En effet, tenir avec maîtrise un crayon ou un compas, quant à la dextérité d'aspect, ne se réussit qu'à la longue ; cependant vous, moi, n'importe qui, nous nous entendrons assez rapidement au moyen de croquis abrupts et sans aucune prétention, mais nets et explicatifs sur les détails et l'ensemble ; par conséquent, il ne s'agit plus en maintes circonstances que de mettre au net une série de figures conventionnelles où, toutefois, sont fidèlement mentionnées explications et discussions.

Quelle que soit la suite à donner à ces croquis, le principal c'est qu'ils rapportent exactement ce qui fut dit ou convenu, c'est-à-dire qu'en définitive ils soient compréhensibles et indiscutables avant d'être savants ; ces images informes se traçant sur un bout de tôle, sur un mur, sur des papiers épars, constituent des documents auxquels la *patte* du professionnel conférera peut-être l'entière authenticité du dessin industriel ; mais c'est à la condition précise qu'avant toute autre chose ils soient clairs, sinon lui-même y pâlirait longtemps et n'importe qui ni moi n'y pourrions intervenir.

Quand le dessin est clair, quel que soit le procédé, on a fait plus de la moitié de l'étape : on a tout compris ou presque ; s'il est également concis, l'étape en a été d'autant plus rapide car l'itinéraire en a supprimé les futilités.

Pour le moment, il n'y a pas à faire de différence entre un *croquis* et une *minute* ; tous deux sont des plans d'atelier, confectionnés avec la même attention, les mêmes lignes, les mêmes conventions et tout le reste : à la craie, au crayon ou aux encres, à la main ou aux compas, avec ou sans teintes, etc. ; l'essentiel est que le plan donne nettement l'idée de ce qu'il veut exprimer et pas autre chose, sans confusion aucune possible.

Il n'en est d'ailleurs pas moins exact que, si le talent du dessinateur est avantageux, dès le début de l'élaboration d'un projet, pour le relevé d'un organe à réparer ou modifier, à propos d'un travail quelconque, etc., ses services ne sont pas absolument indispensables en une foule d'occasions ; il est pourtant préférable d'y avoir recours pour la majorité des opérations, quand ce ne serait que pour le bon ordre et la ponctualité qui exigent que lesdites opérations aient, dans les archives, un état civil auquel se référer on ne peut prophétiser à quelle fin.

Le dessin tenant une place considérable dans l'industrie doit, pour être à la portée de tous, être considéré comme une explication que l'on donnerait nettement et brièvement, de façon à ce que tous les intéressés la comprennent sans ambigüité : chefs de maison, ingénieurs, contremaîtres, ouvriers, fournisseurs, représentants, etc. ; un plan n'est pas toujours utilisé à proximité du bureau qui l'a élaboré et émis ; souvent au contraire il voyage, et très loin, pour un montage, une réparation, des propositions de vente, et l'on conçoit aisément qu'avant d'être lancé, il est de rigueur qu'il soit complet dans tous ses détails d'exécution ; on n'arrive à ce but qu'avec du soin et, particulièrement, de la propreté.

En général et à moins d'aptitudes spéciales, le commençant agira sagement en n'essayant pas de dessiner vite ; il vaut mieux s'astreindre à un travail minutieux au début et recommencer patiemment les essais préliminaires, pour se pénétrer parfaitement des diverses notions fondamentales sans lesquelles le *coup de crayon* trahit toujours peu ou prou le novice qui est mal parti ; ce n'est qu'avec de la méthode et de la volonté qu'on surmonte les premières difficultés, puis qu'on se familiarise si bien avec elles qu'on en est agréablement surpris après quelque exercice.

Il n'en faudrait pourtant pas déduire qu'une sage lenteur est à recommander en dessin, dans toutes les occasions ; ce serait une erreur d'imaginer qu'on réussirait de la sorte à acquérir l'habileté désirable sans plus d'effort que de ne pas se presser ; au contraire, il faut s'habituer à travailler rapidement dès qu'on constate que les progrès sont assez satisfaisants pour autoriser ces nouveaux essais de vitesse.

Mais il est des cas, malgré cela, où l'on se trouve mieux de n'avancer qu'avec précaution dans le dédale d'une épure, d'une combinaison ou d'un projet ; en ces circonstances, la main est presque toujours trop alerte pour la réflexion qui la commande, et ce n'est qu'à bon escient qu'il faut faire intervenir la rapidité.

CHAPITRE II

CROQUIS

Préliminaires. — Le croquis est un dessin exécuté *à main levée*, soit en projection orthogonale (1), soit parfois en perspective ; ordinairement il se fait sans le concours d'*instruments*, règles et compas, mais il n'y a rien d'absolu à cet égard ; dans certains cas, l'esquisse à l'état de croquis est faite à l'échelle directement et proprement.

Nous admettrons pour le moment que le croquis est levé seulement à l'aide d'un crayon, et nous n'examinerons d'abord que la partie matérielle du tracé sur une feuille de papier convenable.

Le **crayon** dont on fait usage doit être de dureté moyenne, le n° 3 environ ; car s'il est trop tendre, il s'égrène rapidement, il empâte le trait et, n'adhérant pas bien à la feuille de dessin, il la salit en s'étalant au moindre frottement ; quand il est trop dur, il ne laisse une trace assez visible que si l'on appuie un peu fort, et alors le trait, s'in-

(1) Voir première partie.

crustant à la surface du papier, devient difficile à effacer
éventuellement à la gomme.

Pour que le croquis soit aussi net que possible, il est recommandé que la pointe du crayon soit toujours suffisamment affilée et bien conique ; si l'on se sert d'un crayon
ordinaire à gaine de bois, il faut le tailler sur une longueur
de 1 centimètre et demi environ, également, et laisser dépasser la mine de 3 à 4 millimètres ; l'affûtage se termine
en roulant l'extrémité soit sur une petite lime douce, soit
du papier de verre ou d'émeri, soit d'ailleurs sur une surface rugueuse : tuileau, fonte brute, sol cimenté, etc., que
l'on rencontre à proximité de l'endroit où l'on prend le
croquis.

Avec les *porte-mines*, on gagne du temps ; le seul soin à
signaler est de ne serrer ni trop peu ni trop fort la monture de maintien ; la mine peut dépasser de 6 à 7 millimètres à condition de ne pas appuyer jusqu'à la briser, même
quand on n'est pas content de soi.

Toutes les précautions ci-dessus, relatives au croquis,
s'appliquent aussi au tracé du **plan** au crayon, à l'aide des
instruments et compas ; pour ne pas avoir à revenir sur ce
sujet, il est donc utile d'ajouter de suite qu'en ce dernier cas
l'affûtage de la pointe du graphite diffère sensiblement : on
la fait plate et très légèrement cône ; ainsi préparée, cette
pointe s'use moins vite parce qu'elle présente plus de largeur et plus de résistance ; elle a encore l'avantage de
mieux guider le trait en offrant un appui bien parallèle
contre le bord de la règle, de l'équerre ou du *pistolet*.

Le support du croquis, le papier sur lequel on opère, demande en général à être un peu épais pour que l'on puisse,
s'il est nécessaire, effacer et revenir à maintes reprises sur
le même endroit ; parfois le papier est quadrillé plus ou
moins finement, ce qui donne des directions d'ensemble et
une sorte d'échelle de proportions ; il fait quelquefois par-

tie d'un album ou d'un cahier réservés à ce genre de dessins, pour que l'on retrouve ainsi facilement trace du travail exécuté si, après transformation du croquis en plan réel, on veut plus tard vérifier certaines indications prises sur le vif.

Ce sont là des particularités que chaque industrie met à profit selon sa commodité, ses besoins ou son goût ; mais quoi qu'il en soit, la feuille doit avoir des dimensions en rapport avec l'objet que l'on désire relever, c'est-à-dire sa complexité, ses détails et leur difficulté de représentation, le nombre de vues et de coupes indispensables, etc. ; on ne lève pas en croquis, de la même façon, l'ensemble d'une machine et un organe de cette machine, sujet traité plus loin, et cependant les dimensions du papier sont choisies pour la meilleure aisance du dessinateur.

Celui-ci, en effet, n'est pas toujours installé confortablement ni proprement pour prendre ses renseignements ; il lui faut louvoyer ; il sera grimpé sur des charpentes, ou obligé de se glisser dans des fondations avec, souvent, des lampions de fortune, dans l'huile, la poussière ou la suie ; on juge qu'en ces circonstances, assez fréquentes en mécanique, l'opérateur soit excusable quant à l'état de son papier et à la régularité du trait, pourvu qu'il ait recueilli et annoté des mesures vraies et très complètes, étant pour ainsi dire parti en éclaireur.

Ces renseignements permettent, néanmoins, malgré l'apparence fâcheuse du croquis, de procéder soit à la confection d'un rendu plus maniable, soit directement à la mise du dessin au net, quoique cette dernière hâte soit rarement à recommander.

Enfin le papier doit être épinglé de préférence sur un support portatif léger : planchette unie ou carton, de façon à pouvoir être facilement viré en tous sens, pour la plus grande commodité du tracé ; c'est ce que l'on a supposé dans ce qui va suivre, en faisant abstraction des difficultés accessoires qui gêneraient le dessinateur au cours de sa tâche.

Examen préalable. — Dans le but d'opérer avec méthode, la première réflexion à s'imposer avant tout départ est du genre de celle-ci : puisque mon croquis est nécessaire, *il faut* qu'il soit largement suffisant... et qu'on n'y revienne pas.

Il s'agit en réalité, de prime abord, de se rendre compte de la totalité de la besogne que l'on entreprend et de passer en revue, attentivement, le pourquoi du travail, son objet immédiat, ses suites probables, ainsi que les difficultés à surmonter pour traduire chaque détail consciencieusement et selon les règles de l'art.

Un autre moyen, en face d'un organe simple ou compliqué à croquer, c'est de se figurer que l'on visite un terrain, un appartement, un domaine que l'on désire faire siens et à propos desquels on réfléchirait aux conséquences susceptibles de dériver de chaque chose ; cet examen général et préalable à toute décision consiste parfois en un simple coup d'œil sur la pièce mécanique en question ; mais, le plus ordinairement, il entraîne à se fixer d'avance un certain nombre de vues et de coupes qu'il faut faire tenir sans dommage dans un cadre déterminé.

En résumé, avant de manœuvrer le crayon, devenir un familier de l'objet, de la machine, du plan d'installation rébarbatifs et bourrus ; c'est le meilleur fil d'Ariane pour connaître les détours et pénétrer les secrets du monstre qui vous est opposé.

Esquisse. — Ayant ainsi lié connaissance avec la pièce à représenter et ayant jugé sommairement qu'elle peut être figurée suffisamment par une ou plusieurs vues et coupes, on centre approximativement ces vues en les répartissant sur la feuille du croquis, de telle sorte qu'avec un peu d'habitude on arrive à se contenter de la surface assignée, y compris prévision des cotes (fig. 136 à 143 entre autres).

Autour de ces premiers centres et à l'aide de quelques lignes enveloppantes, on parvient, au coup d'œil, à établir un rudiment d'échelle proportionnelle pour distribuer les contours et les axes sans trop de désaccord, quitte à gommer et à se reprendre ; il est de toute évidence que l'esquisse s'applique à des masses et que, par suite, on négligera obstinément les détails, même s'ils sont intéressants.

Croquis. — Simple ou complexe, le croquis comportera d'abord les traits d'axes ou les lignes principales que l'on meublera, également de proche en proche, avec les pièces d'ensemble vues ou coupées, au moyen de traits légèrement appuyés, puis des organes ou des détails indispensables à la compréhension du système général.

On relèvera toute une vue sans interruption ou, au contraire, on ira de l'une à l'autre selon les circonstances, peu importe : c'est affaire d'appréciation et de sentiment dans chaque cas, et il n'y a aucune règle à énoncer à cet égard ; l'essentiel est de ne négliger aucune particularité, en songeant surtout qu'ultérieurement cette particularité prendra corps par inscription des cotes.

Quand on juge qu'il y a exagération jusqu'à rendre possibles des erreurs d'interprétation, parce qu'un organe est figuré relativement immense ou mesquin, par exemple, ou trop dévié, il ne faut pas hésiter à améliorer le tracé en l'effaçant et en le remettant en meilleure posture, d'autant plus que les traits, ainsi qu'il a été recommandé, sont fins et peu accentués pendant ces recherches.

Le soin dans le croquis, particulièrement pour les débutants, doit aller jusqu'à la minutie, et ce n'est qu'à la longue qu'on acquiert le coup d'œil et le brio que l'on constate chez certains professionnels spécialisés, tel l'artiste en topographie, dont les levés sont presque des plans de premier jet.

Le levé une fois arrêté en toutes ses parties, on reprend le tracé en comparant au fur et à mesure les lignes du croquis et celles de la pièce que l'on a sous les yeux ; les traits sont corrigés, si besoin, et accentués définitivement ; les hachures sont posées quand il y en a ; on complète les détails, les arrondis entre autres ; on fignole les pointillés des surfaces cachées ; en somme on donne le coup de pouce à l'ensemble.

Cotes. — Mettre les cotes d'un dessin, croquis ou plan d'atelier, est l'opération qui veut le plus d'attention, nous le savons ; afin d'avoir la contre-vérification qu'elles sont en nombre suffisant et qu'elles sont exactes, on a l'habitude de procéder pour elles en deux phases :

1° Tracé des traits et flèches y afférents ;

2° Inscription après levé et, parfois, calculs de collationnement.

De cette manière, il y a possibilité de réparer les omissions plus facilement, car elles s'accusent mieux.

C'est ainsi (fig. 115 et 116 ou 117 à 120) qu'un croquis étant terminé, on commence par y rattacher les pointillés de cotes limités par des flèches, soit aux lignes vraies, soit à des droites de renvoi ; on doit chercher à cumuler plusieurs dimensions, car le total obtenu permet de constater s'il y a quelque divergence dans le détail et de corriger sur-le-champ tantôt les chiffres partiels, tantôt le chiffre global.

Autant que faire se peut sans nuire à la clarté, il est préférable de coter les circonférences selon des diamètres plutôt que d'envoyer des traits de rappel à l'extérieur ; c'est autant de lignes encombrantes que l'on supprime ; toutefois il est des cas bien définis (fig. 150 et 151) où, au contraire, les dimensions ressortiront tout à fait graduées et, par suite, nettement lisibles ; le choix d'un système ou de l'autre dépend aussi des errements d'une usine.

La position relative des axes, celle d'un organe par rapport à une autre pièce, constituent des renseignements caractéristiques ; par suite, il faudra s'assujettir et s'habituer à en mettre les cotes bien en évidence ; les corps et surfaces de révolution s'indiqueront au moyen de leurs diamètres et rarement par des rayons ; les dimensions d'encombrement, de nivellement repéré à un axe ou à un plan général, certains écartements à observer rigoureusement, etc., seront placés en vedette, et on appellera, au besoin, l'attention sur ces particularités en accentuant les pointillés y relatifs ; puis ultérieurement les cotes qui les concernent seront soulignées ou placées entre parenthèses.

Un moyen pratique de coter sans omission, quand les dimensions principales sont placées, est d'isoler chaque organe par la pensée, de le détacher complètement de l'ensemble et de rechercher alors les mesures indispensables à son exécution ; si, bien entendu, un trait de cote existe déjà pour une pièce avec laquelle il fait corps, on ne la répétera pas ; par exemple le diamètre extérieur d'un arbre sera l'alésage du palier qui le soutient.

D'autres fois, pour faciliter le travail d'atelier, on rapportera un profil extérieur à une ligne conventionnelle (fig. 131) *6-0-6*.

Quand on a préparé et rattaché les traits des cotes, il reste à prendre les mesures et, immédiatement, à les inscrire avec soin, en les vérifiant selon nécessité ; les chiffres demandent à être très lisibles, et leur grosseur correspond à l'emplacement dont on dispose pour la côte ; ils seront donc parfois de toutes tailles, mais il importe peu.

Si on est gêné parce que le trait de cote est très court, on peut faire un renvoi ; il en serait de même dans le cas où l'on se verrait obligé d'adjoindre une annotation explicative concernant telle ou telle pièce ou partie de pièce.

La lecture des cotes ne se fait que dans deux sens : le premier est, naturellement, le même que celui des inscriptions et titres (fig. 144 et 146) ; l'autre est obtenu en amenant en bas le côté droit de la feuille de croquis ; c'est là une *règle absolue* qui écarte bien des fausses interprétations.

De plus, les chiffres sont écrits parallèlement à leurs traits de cotes respectifs, et jamais à cheval sur cette ligne (fig. 100, 101), ce qui serait inévitablement une source d'erreurs, même dans un croquis hâtif.

Les angles s'inscrivent sur des arcs de cercles ayant pour centre le sommet.

On peut considérer les titres et légendes comme des annotations complétant les cotes ; ils seront placés convenablement et rédigés avec concision.

Applications. — La géométrie plane fournit des exemples simples que l'on peut choisir comme modèles à titre d'exercices du début ; ainsi on dit : la ligne droite est le plus court chemin d'un point à un autre ; on se fixe donc deux points, de plus en plus écartés et, avec la pointe du crayon, on s'évertue à marcher le plus droit possible ; en pratique, certains métiers utilisent le cordeau passé à la craie, au bleu ou au rouge et solidement tendu et maintenu aux deux points désignés ; en le pinçant vers son milieu puis le lâchant net, il trace automatiquement la ligne droite.

Un angle est formé par la rencontre de deux lignes droites ; si ces droites se prolongent au delà de leur point d'intersection, il en résulte quatre angles égaux deux à deux, soit les plus petits, soit les plus grands, qui ne se touchent que par la pointe ; dans le cas d'angles droits, tous les angles sont égaux et leur mesure est de 90 *degrés*, quand on les rapporte à un cercle partagé en 360 divisions ; les côtés en sont perpendiculaires, ou à l'*équerre*.

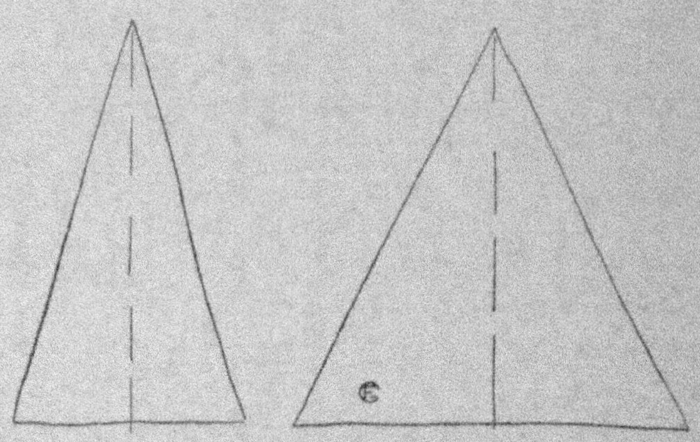

Fig. 177 et 178.

L'angle est aigu s'il est moindre que 90 degrés ; il est obtus dans le cas contraire.

Si les droites ont la même direction ou, autrement dit, si elles sont partout écartées de la même quantité, elles sont parallèles ; comme application, on peut tracer une première ligne droite, choisir un point plus ou moins rapproché d'elle et s'essayer à garder la distance ; ou encore se donner un second point au même écartement que le premier et tenter de partir de l'un pour gagner l'autre sans trop de jarrets.

La bissectrice d'un angle, comme son nom l'indique, partage celui-ci en deux angles égaux ; par exemple une ligne à 45 degrés est la bissectrice de l'angle droit ; une équerre ordinaire à 45 degrés comporte un angle droit et deux angles à 45 degrés ; cette remarque nous fournira par la suite une méthode facile pour dessiner de petites surfaces.

Le triangle est la figure formée par trois côtés ; c'est le plus simple des polygones ; de la rencontre des côtés résultent trois angles et trois sommets ; un bon exercice consiste à tracer des triangles quelconques, ainsi que des triangles isocèles (fig. 177) où les côtés à droite et à gauche sont égaux et également inclinés sur la base, et des triangles équilatéraux (fig. 178), dont angles et côtés sont respectivement égaux.

Parmi les polygones que l'on rencontre assez fréquemment en dessin industriel, on peut citer le rectangle, le trapèze, le carré, le losange et l'hexagone (6 pans quand il est régulier) ; il sera bon de se faire la main aux croquis en en copiant des modèles, d'abord, puis des pièces en nature.

Quant aux cercles et aux courbes à main levée, ils présentent plus de difficulté à produire à peu près proprement ; par tâtonnements et à l'aide de la gomme, on atteint évidemment une certaine habileté, mais en bien des cas il vaut mieux se servir franchement d'un compas, même rudimentaire, pour décrire les circonférences plus rapidement et posément.

A la suite de ces applications préliminaires ayant pour but de familiariser et d'assouplir la main, on peut choisir des objets simples comme essais : une clavette (fig. 90 et 91), une équerre ordinaire d'atelier, des vis (fig. 76 et 78), dont on fera le croquis détaillé et coté ; puis un goujon, un boulon (fig. 87 et 88), un toc, qui ne nécessitent pas de coupes ; une lime, une douille, un coussinet (fig. 119), un volant seront des exercices de coupes et de hachures ; enfin des foreries portatives, des bielles peu compliquées, des plateaux-manivelles, des robinets (fig. 136 à 143), formeront une progression rationnelle dans le choix des modèles à proposer, avant de se lancer dans la représentation des ensembles plus compliqués ou à axes nombreux.

Croquis à la plume. — Les cotes d'un croquis, seules, lui donnant de l'authenticité et de la valeur, il est à recommander de refaire les traits de cote en rouge et les chiffres à l'encre chaque fois que l'on pensera utile de conserver le croquis à titre de témoin ; on peut aussi repasser les traits et hachures entièrement en noir, mais alors le croquis ne reste plus la pièce à conviction qu'il constituait quand le crayon trahissait la première impression éprouvée.

CHAPITRE III

DESSIN INDUSTRIEL

Généralités. — Le dessinateur exerce une profession où l'habileté ne vient qu'après la conscience ; son rôle est capital dans l'industrie, car lui-même doit s'assimiler, et être considéré par tous comme tel, au pivot sur lequel s'équilibrent : la conception d'un côté du balancier et l'exécution sur l'autre branche ; il est essentiel qu'il sache qu'il est compris dans les cadres de confiance d'une maison et, souvent, il fait partie de son état-major.

Sa conscience prime son habileté parce qu'il faut que la responsabilité qu'il assume en ce poste ne rencontre, soit en haut, soit en bas, aucune critique qu'il ne soit à même de discuter sans hésitation, pas plus qu'aucune difficulté de détail qu'il se reprocherait plus tard de solutionner en la masquant provisoirement ou en la passant sous silence.

En somme, un bon dessinateur-praticien est un véritable ingénieur, chargé de la maturation des projets, et dont les conseils ou l'expérience ont une influence sérieuse sur le sort de ces projets.

Au point de vue de l'exécution matérielle, la propreté générale du dessin est la première condition à remplir et, par suite, la légèreté de main ; l'ordre et la clarté iront alors de pair presque à coup sûr.

L'exécution, par ailleurs, ne saurait avoir lieu sans de bons outils ; il est donc indispensable de s'en procurer de qualité convenable, d'abord, puis de les entretenir constamment en bon état, ce qui comprend non seulement leur nettoyage, mais aussi leur vérification ; il en est parlé en détail plus loin.

Le nombre et le genre des instruments nécessaires ne varient guère ; néanmoins il y a des cas où le bureau de dessin est outillé d'accessoires qui lui sont spéciaux ; il faut, tout naturellement, que ces accessoires ne laissent non plus rien à désirer et qu'ils soient entretenus sans insouciance ni égoïsme ; sinon l'intéressé désinvolte risquerait d'en pâtir le premier.

Bagage du dessinateur. — L'élaboration et le tracé des plans nécessitent toute une petite installation : mobilier et instruments ; on peut évidemment se contenter d'un bureau, d'une table quelconques ; cependant il est préférable de faire usage d'un matériel approprié, car la santé et la commodité ont tout à y gagner, donc la rapidité et le mieux-être.

Tables à dessiner. — Elles sont ordinairement proportionnées aux dimensions des dessins dont un atelier, un chantier, une entreprise ont besoin ; les plus simples sont formées de panneaux de menuiserie posés sur tréteaux se montant et s'inclinant (fig. 179) ; d'autres occupent le long côté de la salle de dessin, ou tel emplacement bien éclairé, et sont élevées au même niveau ; entre chacune se fixent des bahuts ou des étagères pour le classement des plans, etc. ; on ne peut rien préciser au sujet de ces tables horizontales, si ce n'est qu'elles doivent être complétées par des blocs, des trèfles ou de forts tasseaux mobiles pour surélever le haut de la planchette de dessin, de façon à ce que celle-ci ait une légère inclinaison.

Fig. 179.

Les tables spéciales, *devant* lesquelles on travaille, sont incomparablement plus avantageuses, tant sous le rapport de l'hygiène qu'en ce qui concerne la rapidité, la commodité et l'encombrement ; d'une part, en effet, il n'est pas sain de rester plié une partie de la journée dans des positions variées mais presque toutes fort incommodes ; c'est la

7

plupart du temps sur le creux de l'estomac que le dessinateur prend appui et, à la longue, il en résulte des troubles caractéristiques ; puis les jambes s'engourdissent dans une demi-immobilité ; d'autre part, il voit moins bien son tracé, surtout dans le haut de la feuille, quand il opère horizontalement que lorsqu'il travaille sur un dessin à demi vertical ; enfin, pour juger de l'ensemble de son tracé, une planche inclinée lui permet mieux d'appliquer son regard vers le centre du plan et sa vue ne se fatigue pas.

On trouve dans le commerce des tables modernes à dessiner plus ou moins pratiques, de modèles simples ou compliqués et de prix très différents ; les unes se posent sur une table ou des chevalets, d'autres sur un bâti en bois ou en métal, sur un encadrement mural, etc. ; il y en a de toutes les dimensions et quelques-unes même sont pourvues de dispositifs permettant de faire passer sur la planche à dessin des rouleaux entiers de papier, pour les épures d'architecte, en particulier.

En ce qui concerne les *plans d'atelier*, les planches du format grand-aigle (110×75 environ) sont préférées : table Garnier, table Halden, tables équilibrées par des contrepoids, etc., où généralement il existe un mouvement de montée et de descente en même temps qu'un mouvement d'inclinaison ; il y a là des complications mécaniques souvent bien inutiles et, de plus, la règle servant à tirer les grandes parallèles horizontales y doit être maintenue en toute position par des systèmes à ficelles et à contrepoids n'offrant qu'une précision discutable ; un autre inconvénient de ces règles à demeure est d'obliger à enlever les plans en cours pour étudier d'autres vues et il n'est pas toujours certain que l'on retombe par la suite dans les mêmes parallèles.

Pour conserver au corps la position la plus commode et,

par conséquent, pour donner la meilleure aisance au dessinateur, il n'est rien de mieux que de travailler assis ; à ce
point de vue, nous pouvons citer la *Table Froger*, sans
mouvements mécaniques, qui est d'une extrême simplicité
et coûte relativement bien moins cher (fig. 180) ; la planche
pivote à volonté autour d'un axe et ce modèle permet l'em-

Fig. 180.

ploi du té ordinaire, à tête fixe ou rayonnant, qui est
maintenu en place par l'addition d'un dispositif des plus
élémentaires ; le guidage contre le bord de la planche est
ainsi assuré et celui-là est complètement mathématique.

Grâce à la facilité avec laquelle ce té équilibré passe
d'une planche sur une autre et aussi à l'adjonction d'une
tablette inférieure formant console, il est possible de dessiner sur plusieurs plans ou vues d'un même projet, car
alors la table à dessiner fait office de support pour les
planches mobiles ; enfin un casier intermédiaire, avec ou
sans tiroir, permet le dépôt des instruments, des documents ou des plans roulés.

D'autres fois, la planche est seulement montée sur support inclinable repliant (Froger, Clic-clac, etc.) pour satisfaire aux cas où, faute de place, on ne peut se servir d'un meuble à dessiner spécial ; ce support se pose sur tout bureau ou table et est surtout recommandé pour travail intermittent ; en le complétant par un té équilibré, un ingénieur a, sous un faible volume, un accessoire fort intéressant au cabinet ou sur chantiers.

Au point de vue du tracé des très gros traits à l'encre, il faut signaler un désavantage éventuel des tables verticales ou seulement inclinées : l'encre a tendance à descendre avant qu'elle ait séché suffisamment (fig. 224), et elle produit alors une tache, quand elle ne ruisselle pas au delà de la limite du trait et sur tout le dessin.

Par rapport à la disposition générale d'un bureau d'études, les tables verticales ont quelquefois aussi l'inconvénient de nécessiter un peu plus de surveillance de la part de l'ingénieur ou du chef, ces cloisons formant abri et un coup d'œil d'ensemble ne suffisant plus pour s'assurer que le travail est en bonne voie.

C'est pourquoi le mouvement de montée et de descente, qui n'est pas indispensable pour dessiner assis ou debout, a été supprimé dans quelques types, d'où une économie sensible ; il est enfin recommandé que le meuble à dessiner soit muni d'une tablette avec ou sans tiroir d'une console latérale, d'un escabeau supplémentaire, etc., où l'on place les instruments, les accessoires ou même les plans.

Planches à dessin. — Les planches et planchettes servent à fixer le papier sur lequel le plan est exécuté ; pour que le bois blanc et sec ne joue que le moins possible et que, par conséquent, ce support conserve une surface bien plane et des côtés irréprochables, les bonnes planches à dessin sont fabriquées en trois épaisseurs contreplaquées, de fibres contrariées, assemblées et collées ; le pourtour est renforcé par des baguettes en bois un peu plus dur (fig. 181).

Les planchettes plus communes ont seulement leurs petits côtés garnis de chêne à rainure et languette ; quand on emploie un *té* pour dessiner, il est essentiel de vérifier

Fig. 181.

de loin en loin si les angles sont restés bien d'équerre, et plus particulièrement si les bords sont bien droits.

On donne plutôt le nom de planches aux formats correspondant au grand aigle (1 m. 10 × 0 m. 73) ou demi-grand-aigle (0 m. 74 × 0 m. 58) et celui de planchettes aux dimensions divisionnaires moindres.

Il existe également des planchettes spéciales dites à baguettes (fig. 182) ; une rainure est pratiquée tout autour, sur le plat de la planchette, et la feuille de dessin y est maintenue et serrée par des baguettes se coinçant dans la rainure, parfois avec adjonction de petits ressorts ; cette façon de fixer le papier est assez pratique et cependant la planche à baguettes ne s'est pas généralisée pour les plans d'atelier.

La cause en est sans doute que si, lors d'une étude nécessitant plusieurs vues un peu grandes, on change de

Fig. 182.

feuille pour une raison quelconque, il est relativement pénible de retomber juste sur les parallèles déjà existantes et tracées à l'aide du té; la remise au point et le repérage sont évidemment beaucoup plus faciles et prompts avec de simples punaises qu'avec le cadre à baguettes.

Mais s'il s'agit de lavis, à l'occasion d'un rendu supposons, alors la planche à baguettes supprime la fastidieuse corvée du collage (voir plus loin): couper la feuille de plus ou moins de millimètres inférieure aux proportions rainure comprise, car le mouillage allonge ces proportions; mouiller toute la surface, à l'envers; présenter convenablement et vivement; pincer à bloc les longs côtés en faisant traction si besoin et terminer par les petits bords.

Tés et Equerres. — Le té est formé d'une règle assemblée à angle droit, et en queue d'hironde dans une tête plus épaisse (fig. 183), qui glisse sur un côté de la planche à dessin; elle sert ainsi à tracer des horizontales; on ne doit pas l'utiliser pour les verticales, que l'on exécute uniquement au moyen de l'équerre promenée contre la règle du té ; la planche peut, en effet, ne pas être suffisamment précise quant aux perpendiculaires ; mais de prime abord, le

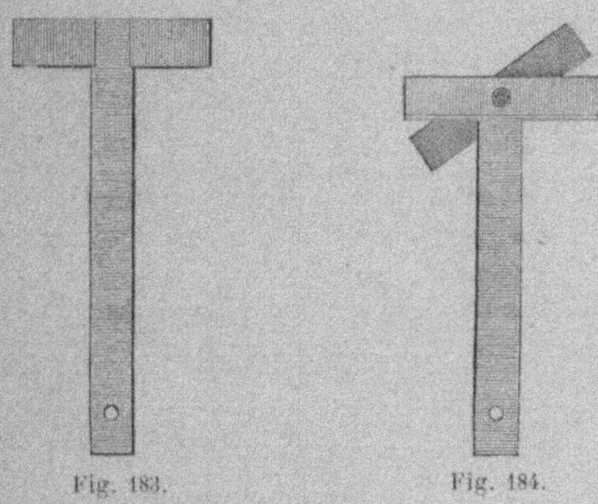

Fig. 183.   Fig. 184.

côté qui guide la tête du té doit être très droit ; on savonne légèrement la tête et le bord qui sont en contact, afin d'éviter le broutement quand le matériel est neuf.

On trouve des tés plus compliqués, dits rayonnants, où la règle peut pivoter sur la tête et être serrée par une vis suivant certaines inclinaisons, afin de tracer des parallèles quelconques (fig. 184) ; c'est un instrument un peu spécial mais néanmoins bien utile pour certaines opérations.

Fig. 185.

Pour s'assurer que le champ d'une règle ou d'un té est bien droit, on tire (fig. 185) d'abord une ligne avec un crayon bien fin (ou un tire-ligne de préférence) ; puis on

chavire la règle de 180 degrés de manière que le dessus
vienne dessous sur le papier et on trace une seconde ligne
passant par les mêmes points extrêmes ; il doit y avoir

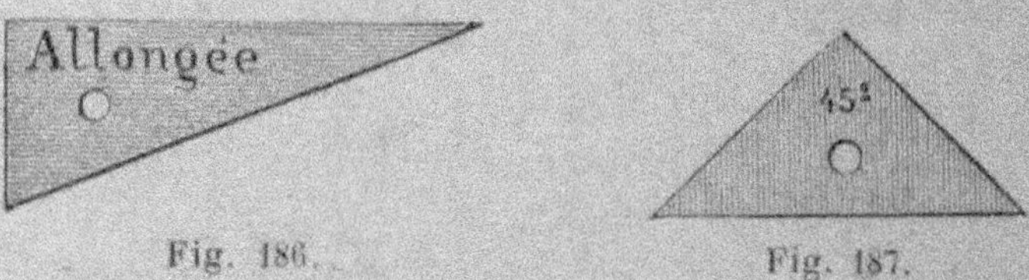

Fig. 186.   Fig. 187.

coïncidence ; enfin on peut encore amener b en a, sans
retourner la règle sens dessus dessous et vérifier l'exactitude de l'instrument.

Les équerres se présentent sous deux formes principales :

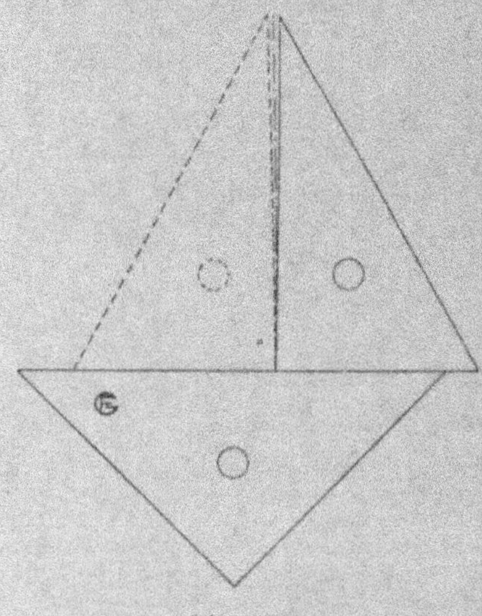

Fig. 188.

l'équerre allongée (fig. 186) dont, parfois, l'un des angles
est de 60 degrés comme le six pans, et l'équerre à 45 degrés
(fig. 187) ; la vérification de l'angle droit de ces équerres
est des plus utiles (fig. 188) ; on y procède en appliquant le

petit côté contre une règle ou contre une seconde équerre et en élevant une perpendiculaire fine ; on chavire l'équerre à contrôler de 180 degrés et on trace par le même point de la règle une seconde ligne ; les deux droites doivent se confondre ; sinon on repasse adroitement le petit côté à l'aide d'une lime douce et de papier de verre jusqu'à ce que l'angle ne soit ni aigu ni obtus et la rectitude des champs observée.

L'équerre à 45 degrés se contrôle d'abord d'une façon identique pour l'angle droit ; puis, quand on est certain que celui-ci est juste, on applique l'hypothénuse (ou long côté) contre une règle, on trace une ligne à 45 degrés, on retourne l'équerre sens dessus dessous avec toujours l'hypothénuse en contact avec la règle, et on s'assure si les angles se substituent nettement l'un à l'autre.

Lorsque l'on veut traiter des détails sans l'aide du té et de l'équerre ordinaire, quelquefois un peu encombrants et d'une manœuvre moins précise, la méthode ci-après est susceptible d'être avantageuse ; on emploie simplement l'équerre à 45 degrés et l'équerre allongée, proportionnées à l'espace à couvrir ; il est à désirer, bien entendu, que toutes deux soient exactes en leurs éléments : angles et côtés.

Supposons (fig. 189) que l'on ait affaire à un dessin dans le genre d'un cadre très mouluré, où de nombreuses parallèles en recoupent d'autres ; en faisant glisser *l'hypothénuse* de l'équerre à 45 degrés sur l'un des champs de l'autre équerre tenue immobile, on obtiendra une série de parallèles selon deux directions à angle droit ; ce tour de main permet ainsi de tracer, au fur et à mesure des besoins, des abscisses (horizontales) et des ordonnées (verticales) sans trop crayonner de lignes de construction qu'il est ensuite assez désagréable d'effacer.

A propos de la recherche des courbes par points succes-

sifs : épures, intersections, gabarits, etc., c'est le lieu de
signaler l'utilité des *pistolets*, instruments découpés selon

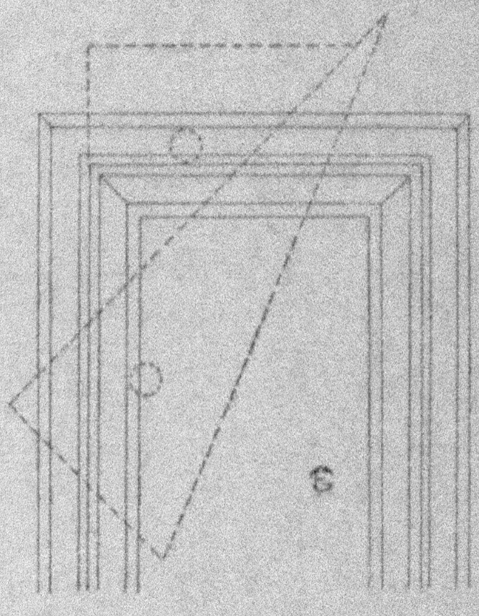

Fig. 189.

des profils variés (fig. 190 et 191), que l'on présente pour
le mieux sur les courbes théoriques esquissées et qui servent

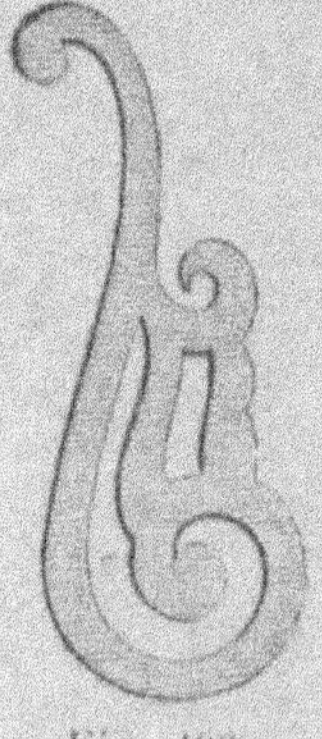

Fig. 190.

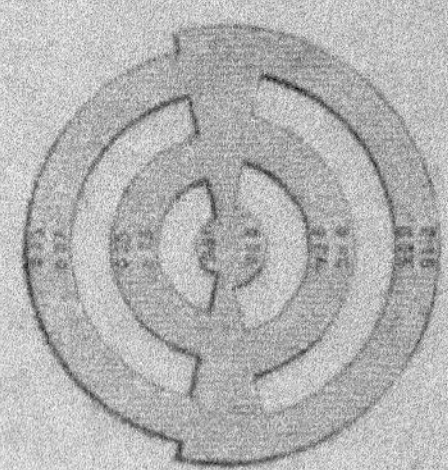

Fig. 191.

à corriger les jarrets du tracé à la main ; selon nécessités
d'ailleurs, les profils usuels dans un atelier sont reportés à

l'instar d'un gabarit sur de vieilles équerres dont les champs sont dûment arrondis et polis : ovales, congés ou moulures, courbes de pénétration, etc.

Dans certains cas même, on se sert de règles fines et de peu de largeur, des lattes souples en poirier, dont la flexibilité est mise à profit pour obtenir des sinuosités plus ou moins brusques, comme pour les plans de coque en particulier ; c'est par leur champ qu'elles posent sur le papier,

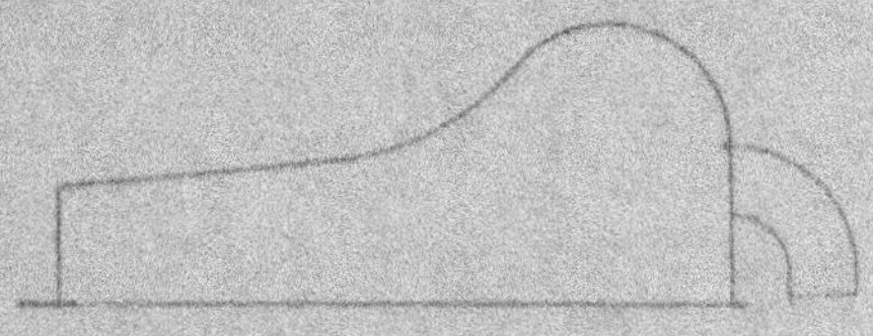

Fig. 192.

et on les maintient à l'aide de *plombs* spéciaux (fig. 192) terminés par une sorte de clou recourbé.

Soit que l'on dessine au té, soit que l'on utilise une série d'équerres, il est une observation d'expérience qu'ont faite beaucoup de professionnels et que nous tenons à mentionner ; elle concerne la propreté du dessin, c'est-à-dire sa clarté et sa rapidité d'exécution : à l'ordinaire, on prend l'habitude de tirer les perpendiculaires toujours à gauche de l'équerre, et ce n'est qu'exceptionnellement qu'on retourne cette équerre pour les tracer sur la droite ; on voit mieux ainsi.

Par suite, on n'a besoin que de l'une des faces de l'équerre et l'autre peut être maculée pendant des années par les doigts, le crayon, etc., puisqu'elle n'est jamais appliquée sur la feuille de dessin ; au contraire, la face d'appui reste indéfiniment dans son état primitif.

En conséquence, enfin, s'astreindre à ne présenter sans cesse que l'une des faces de l'équerre allongée ou de l'équerre à 45 degrés : il n'en est pas de même pour les pis-

tolets, que l'on peut avoir à inverser par raison de symétrie.

Depuis quelques années un nouvel appareil se rencontre
(fig. 193) : le *dessinateur universel*, qui consiste en principe
en deux règles graduées (ou décimètres) à angle droit l'une

Fig. 193.

sur l'autre de façon invariable; le sommet de l'angle peut
pivoter à l'extrémité d'un parallélogramme articulé et se
déplacer partout et en tous sens du plan; supprimant
l'usage du té et des équerres tout autant que des décimètres,
on gagne un temps appréciable dès qu'on en a un peu le
maniement; il n'est pas possible d'estimer le compte des
heures ainsi abrégées, trop d'éléments intervenant : dextérité ou habitude, soins à donner ou réflexions propres à
l'étude, etc.; mais on peut dire qu'en général on exécute
trois dessins pour deux selon l'ancienne méthode.

Compas. — A la rigueur, un professionnel pris au

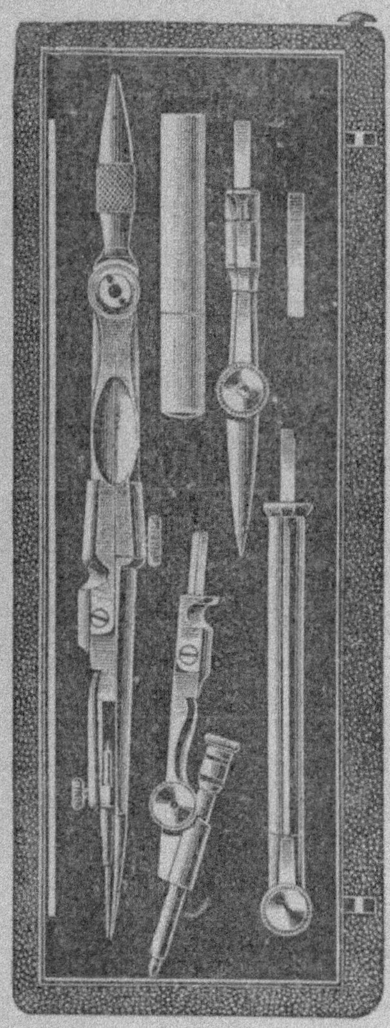

Fig. 194.

dépourvu se contentera d'un seul compas et de deux
équerres pour venir à bout d'un plan quelconque : tracé au

crayon et rendu à l'encre ; mais c'est pour le moins incommode ; ce compas est le *balustre* (fig. 194) dont chaque branche est à double charnière ; l'une, dite à pointes de rechange, peut recevoir : pointe sèche, ou porte-mine, ou tire-ligne, ou rallonge ; sauf le *rapporteur* (et encore !), tous les instruments indispensables s'y trouvent condensés.

Toutefois, comme il ne s'agit pas d'exceptions, une *pochette* contient communément : un *compas à pointes* sèches pour relever des longueurs ou pour diviser avec exactitude longueurs, circonférences et courbes ; un balustre complet défini comme ci-dessus ; un *petit balustre* à ressort pour les petits congés passés à l'encre (rarement au crayon) ; deux *tire-lignes* dont la monture vissée cache une pointe fine pour piquer les plans-minutes à l'occasion ; un *rapporteur* divisé soit en degrés (360 divisions au cercle), soit en grades (100 degrés à l'angle droit), soit ces deux échelles combinées ; éventuellement : un maigre *décimètre*, que l'on sort bien à regret de sa case, vu sa minime amplitude, son goût à s'égarer au moindre propos et la facilité de se procurer des *doubles-décimètres*, des triples décimètres qui sont de l'emploi le plus fréquent, et jusqu'à des règles graduées de cinquante centimètres ; une clef de serrage complète la boîte de compas.

Comme accessoires, nous citerons le *compas de réduction* (fig. 195), servant à réduire ou amplifier automatiquement un plan donné, c'est-à-dire sans décimètre ni calculs, et le *compas à verge* avec rechanges, au moyen duquel on

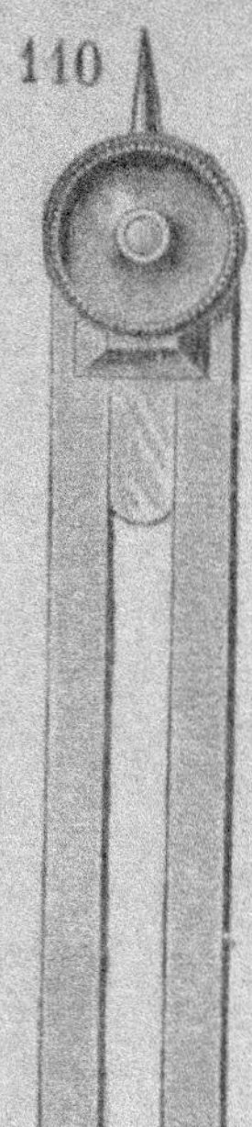

Fig. 195.

décrit des arcs inaccessibles pour le balustre et sa rallonge
(fig. 196 à 199).

Un conseil en passant : que les débutants ne lésinent pas
trop sur le fini et, par conséquent, sur le prix de leurs
compas ; après la période d'apprentissage, leurs outils n'en

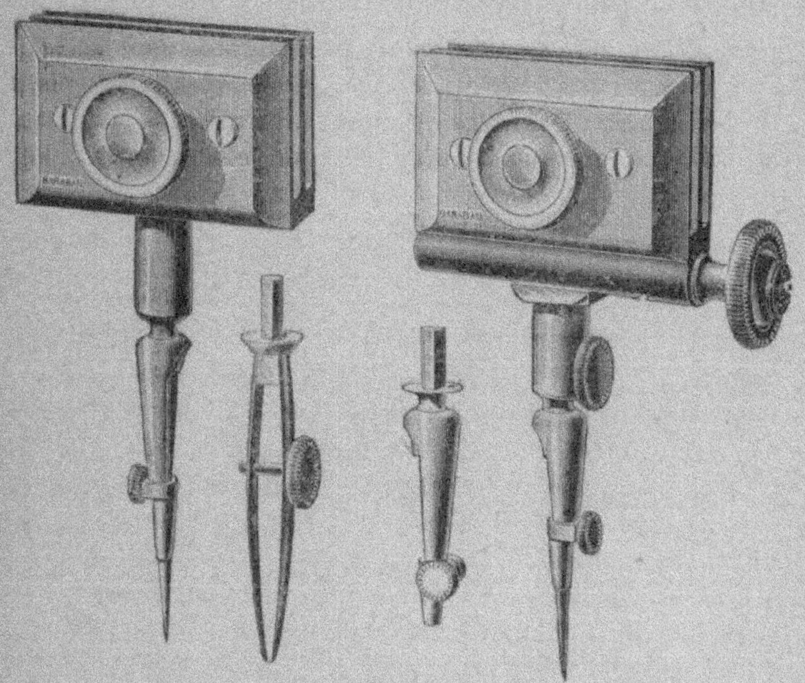

Fig. 196 à 199.

auront pas moins conservé toutes les qualités qu'il faut
exiger d'eux pour que ces dévoués serviteurs ne soient pas
responsables des ratés ; plus tard, devenus professionnels
et ayant vécu avec leurs instruments, la routine ne sera pas
à réapprendre pour ces ex-étudiants.

S'ils pensent faire leur carrière dans les bureaux d'étude
et, comme de juste hélas ! si leur budget le leur permet,
qu'ils n'hésitent pas à acquérir de suite ou au fur et à

mesure des compas en maillechort, de propreté indéfinie ;
en résumé pas de pacotille : ça entraine du dégoût, puis
du retard, et néanmoins une double dépense dans l'avenir ;
avec un bon outil, la moitié de l'ouvrage est faite.

Tenue des compas. — Pour l'esquisse d'un dessin au
crayon, la pointe de celui-ci sera préparée comme il a été
indiqué à propos du croquis à main levée, c'est-à-dire plate
et bien affûtée ; il en sera de même de la mine du balustre.

Si le balustre comporte une pointe sèche *à repos* (fig. 200),

Fig. 200.

le compas en sera armé pour éviter non seulement de
percer le papier d'une façon exagérée, mais aussi pour plus
d'exactitude sur un point mieux défini ; l'autre pointe, en
effet, ne s'emploie que pour relever des mesures ; sinon,
comme la branche du balustre est rarement d'aplomb sur
la feuille, cette pointe décrirait un cône, très préjudiciable
à tous points de vue.

Le balustre doit être manœuvré en tenant le plan des
branches perpendiculaire à la feuille ; on commence par
centrer très attentivement la pointe à épaulement si le point
de centre est connu ; il ne faut appuyer que légèrement,
mais néanmoins suffisamment jusqu'au repos afin d'éviter
tout glissement de l'axe fixe ; l'autre branche est ensuite
ouverte au rayon désiré.

Quand le centre est inconnu, pour des *congés* dont on
donne ou non le rayon, on agit par tâtonnements sans
entrer la pointe dans le papier (fig. 201) ; on place la pointe
à crayon sur l'un des traits *b* à raccorder, et la pointe sèche
sur une perpendiculaire, au jugé en *a* ; on fait faire un
quart de circonférence à *b* en gardant *a* immobile, puis on

rapproche *a* en *a'* pour que *c* vienne en *c'*; on vérifie ensuite
a' b' et *a' c'* autant que de besoin; avec un peu d'habitude
a' s'obtient en deux ou trois retouches tout au plus; on
opère alors l'arrondi en marquant *a'* plus profondément,

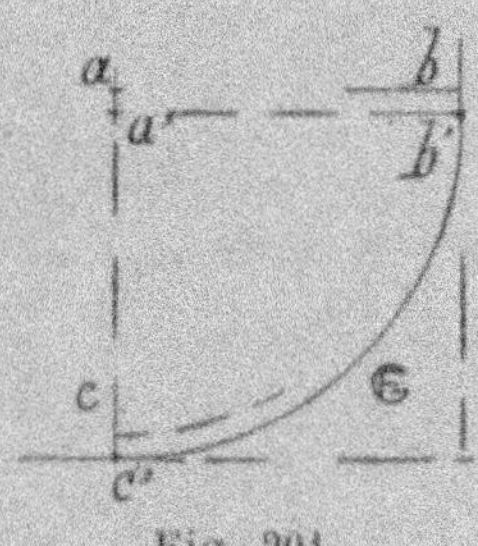

Fig. 201.

afin de le retrouver facilement quand il faudra repasser le
dessin au crayon, à l'encre ou en calque.

Pour le dessin à l'encre, la tenue du balustre est évidemment identique à celle ci-dessus relatée; l'encre est
prise à la plume et on en approvisionne sans excès les
palettes du tire-lignes; les flacons d'encres indélébiles pro-
venant des bonnes fabriques sont munis d'un bouchon en
liège portant, à l'intérieur, un petit cure-dents qui baigne
constamment dans le liquide; c'est très propre et pratique;
le flacon ne restant pas ouvert, l'encre ne s'épaissit pas par
évaporation; il y a aussi moins de dégât en cas de cul-
bute.

On doit essuyer la plume de loin en loin, quand elle est
indépendante du flacon, pour que cette encre ne devienne
pas boueuse en séchant; de même, quand on a fini de se
servir d'un tire-lignes ou qu'on n'a plus à l'employer
qu'après un temps appréciable, il faut soigneusement l'essuyer avec un chiffon *ad hoc*; sinon il en résulterait empâ-
tement d'abord et rouille ensuite.

Les branches du balustre peuvent ne pas être disposées
strictement d'équerre au dessin tant que l'angle qu'elles

forment reste au-dessous de 30 degrés environ ; mais au delà, il est préférable d'utiliser les brisures existant dans la partie médiane de chaque branche, en amenant pointe sèche et tire-lignes dans une position vaguement perpendiculaire au papier.

La tenue du tire-lignes indépendant découle des indications précédentes ; il est employé dans un plan presque perpendiculaire au dessin, la fourchette bien parallèle à la règle ou à l'équerre qui lui servent seulement de guide ; l'appui contre la règle doit en effet être léger pour obtenir un trait de grosseur uniforme ; le manche du tire-lignes est maintenu presque droit ; cette variation sur la verticale est nécessaire parce que les palettes ne glissent que sur l'arête supérieure de la règle, afin que la pointe soit un peu écartée de cette règle, puis dans l'autre sens afin que la main masque moins la partie où il faut arrêter le trait.

Entretien et affûtage des compas. — Tout l'outillage du dessinateur demande de la part de celui-ci des soins d'entretien et, parfois, des réparations courantes ; les instruments se conserveront propres et sans poussière s'il a d'abord la précaution d'en enlever l'encre et de les ranger soit dans la pochette après démontage, soit dans une boîte fermée.

Il n'est pas utile de les lustrer avec une peau de chamois ; mais les articulations, les vis de serrage, les emmanchements seront entretenus à l'égal d'un moteur d'atelier : les articulations doivent être fermes sans raideur, les vis suffisamment onctueuses et propres sans être grasses, ce qui en ferait des réceptacles à poussières ténues ; les emmanchements enfin seront libres quoique sans jeu.

Il sera donc bon de les inspecter un à un de temps à autre, de les démonter même complètement, et de s'assurer de leur fonctionnement satisfaisant ; si l'on constate que les tire-lignes ne donnent plus un trait régulier et suffisamment fin, il y a lieu de procéder à leur réparation, c'est-à-dire d'affûter les becs pour que les lames soient d'égale longueur et les pointes de mêmes rayon et grosseur.

À cet effet, on passe doucement le tire-lignes, tenu dans un plan vertical et les branches fermées, sur du papier émeri extrêmement fin ou sur une pierre à affûter à grain fin ; pour conserver le profil arrondi de l'extrémité, on donne simultanément à l'instrument un mouvement oscillant ; on ouvre ensuite la fourchette et on repasse l'intérieur de chaque branche sur du papier émeri entourant le bord d'une équerre jusqu'à ce que les becs collent parfaitement l'un contre l'autre ; comme la mise à longueur a pu former épaisseur au bout des lames, on use l'extrémité de celles-ci, par l'extérieur, jusqu'à ce qu'elles soient nettement fines ; au moyen de quelques retouches, on enlève enfin le morfil pouvant exister sur telle ou telle partie de la pointe.

Accessoires divers. — En plus des compas contenus dans ce que l'on appelle pompeusement la boîte de mathématiques, il est nécessaire de fournir le dessinateur de certains accessoires sur lesquels nous passerons rapidement.

Plumes. — La plume dite à dessin est un article spécial ; elle doit être fine et plus ou moins souple pour s'adapter au plus ou moins de dextérité de la main qui l'emploie ; il est préférable que ces plumes s'emmanchent sur un porte-plume ordinaire dont la grosseur dépend, d'ailleurs, du goût du dessinateur.

Elles servent pour le tracé des courbes à la main, pour certaines retouches, quelquefois pour la mise des cotes et pour des écritures fines, etc. ; mais les titres, souvent les cotes et légendes, sont exécutés soit à la plume vulgaire, soit à la plume en ronde de numéros variés.

Avoir soin de les emmancher solidement, de les essuyer
après emploi et de les rejeter impitoyablement dès que les
becs sont usés, écartés ou abîmés d'une façon quelconque.

Encres. — L'encre noire se trouve dans le commerce
tantôt en bâtons dits encre de Chine, tantôt liquide et prête

Fig. 201 *bis.*

à l'usage ; cette dernière est, naturellement, bien préférable
pour le trait, à condition d'acheter expressément une
marque qu'on a constatée bonne par expérience ; il est indispensable qu'elle soit parfaitement noire, se prêtant
mieux ainsi à la reproduction par calques ; indélébile pour
ne pas compromettre un dessin par des bavures ou des dé-
lavages, fluide pour bien couler dans les tire-lignes et ne
pas laisser déposer de grumeaux (fig. 201 *bis*).

Beaucoup de praticiens préfèrent encore l'encre de Chine
en bâtons quand il s'agit de passer des teintes, seule ou

en mélanges, parce que les encres liquides ne réussissent pas toujours ; on peut, il est vrai, en dire autant des marques médiocres d'encre de Chine solide, et même des teintes préparées, comparativement aux couleurs en pain.

Néanmoins il se fabrique aujourd'hui et il se trouve dans le commerce, à des prix ordinaires, toute une gamme d'encres à dessiner qui se couchent très uniformément sur le papier, dans leur état normal ou diluées jusqu'à l'extrême ; nous y reviendrons plus en détail aux *Teintes conventionnelles*.

Pinceaux et godets. — On doit les assortir à l'importance du travail en vue ; un pinceau double est par conséquent avantageux, car chaque extrémité étant munie de pinceaux de grosseurs différentes, il est possible soit de brosser de

Fig. 202.

larges surfaces, soit de passer entre des traits rapprochés (fig. 202).

La pointe doit être et doit rester fine ; à cet effet, laver convenablement les pinceaux dont on ne se sert plus momentanément et en affiler nettement le bout avant séchage ; le mieux est encore de le faire avec la bouche.

Si les godets contiennent une teinte que l'on désire utiliser plus tard, les couvrir pour empêcher l'évaporation autant que possible et vérifier par la suite si le ton de la teinte n'a pas foncé ; on revient au ton primitif en ajoutant de l'eau goutte à goutte et en remuant consciencieusement.

Gommes à effacer. — Les gommes pour effacer le crayon peuvent économiquement provenir de tous déchets ou rognures de caoutchouc de l'atelier : clapets de pompe, rondelles ou joints, etc. ; si la matière durcit, en raison d'un non-usage quelque peu prolongé, enlever la surface avec un canif légèrement mouillé.

On trouve aussi des gommes à encre ; quant à nous, nous leur préférons le grattoir ; cependant la gomme peut donner de bons résultats, sur un plan chargé qu'il faut corriger en certains endroits, en utilisant des *caches* faites tantôt d'un morceau de papier calque, tantôt d'un papier fort ou même d'un carton mince, où l'on a découpé la portion de surface à effacer.

Papiers. — A moins de les payer très cher (et encore!), se rappeler que le papier subit les influences hygrométriques de l'atmosphère ; en conséquence, ne se fier qu'à bon escient à des dimensions prises directement sur des plans exécutés sur calque et *à fortiori* en photo ou sur papier mince et, comme de juste enfin, sur ceux que l'on a collés après mouillage sur des planches à dessin.

CHAPITRE IV

FABRICATION DU CRAYON

Aujourd'hui que l'emploi du crayon est si général, on comprend difficilement qu'on put en être privé pendant des siècles ; avant le XIVe siècle on n'employa guère d'autres crayons que ceux formés d'un morceau de plomb, dont on utilisait le pouvoir écrivant connu de toute antiquité ; puis vers cette époque on imagina d'enchâsser des baguettes de plomb dans des cylindres de bois, dès lors le crayon était inventé.

Mais ce n'est que de 1560, après la découverte en Angleterre d'un gisement de graphite très consistant que l'on peut dater la fabrication véritable de la *mine* de crayon ; la matière en était si consistante qu'on pouvait scier ce graphite en fines baguettes qu'on collait ensuite dans des gaines de bois.

La mine de Borrowdale fut promptement épuisée et on essaya vainement d'en utiliser les résidus en agglomérant la poussière de graphite avec de la gomme.

D'autre part, le Blocus Continental, qui privait la France

de ces crayons anglais devenus si rares et si mauvais, obligea à rechercher le moyen de remplacer artificiellement ces crayons naturels ; Conté imagina donc, sous cette impulsion, le procédé qui forme aujourd'hui la base de la fabrication de la mine dite de plombagine et qui consiste à triturer et à broyer un mélange de graphite et d'argile, puis à cuire à haute température le produit ainsi obtenu.

Une des plus importantes fabriques françaises actuelles débuta à Givet, à proximité des argiles d'Andenne (Belgique) et la plupart des perfectionnements apportés à cette industrie bien française résultent de cette installation.

Les opérations auxquelles donne lieu la fabrication du crayon sont de deux sortes : travail de la mine et préparation du bois destiné à la recevoir.

Le graphite constitue l'élément principal de la mine du crayon ; ce corps, improprement appelé plombagine ou mine de plomb puisqu'il ne contient pas trace de ce métal, est un minerai naturel de carbone, comme le charbon et le diamant ; il est assez abondamment répandu à la surface du globe.

On comprend que la supériorité du produit à obtenir dépend non seulement des soins apportés à la préparation de la mine, mais de la qualité du graphite employé, de sa pureté et de sa texture. Les graphites dont la constitution moléculaire s'adapte le mieux à la fabrication artificielle sont ceux de la Bohême et du Mexique ; leur richesse en carbone est sensiblement égale à celle des graphites purs de Cumberland et de Sibérie et atteint 94 p. 100 ; la France ne possède malheureusement aucune variété qui puisse leur être comparée.

Le travail de la mine comporte des opérations chimiques et mécaniques exigeant les plus grands soins ; la première est le lavage ; le graphite, déjà raffiné à la Mine, renferme encore des impuretés ; pour l'en débarrasser on le décante dans des cuves disposées en cascade ; la cuve supérieure, dans laquelle se trouve un agitateur mécanique, reçoit un courant d'eau et le graphite préalablement réduit en poudre ; l'eau entraine le graphite pur tandis que les impuretés se déposent dans le fond des cuves ; finalement, on recueille une bouillie claire de graphite purifié.

L'argile se traite de la même manière et les bouillies d'argile et de graphite sont passées au filtre-presse pour en extraire l'eau ; ensuite les pâtes sont mélangées dans des proportions déterminées d'après le degré de mine à obtenir : l'argile donne la solidité et la fermeté, le graphite le pouvoir écrivant.

Le mélange de graphite et d'argile est alors envoyé aux moulins pour le broyage ; ceux-ci sont analogues aux moulins à farine, sauf que le broyage se fait à l'eau entre les meules de pierre qui broient le mélange pendant cinq ou six semaines afin d'arriver à un degré de finesse parfait ; la pâte repasse au filtre-presse puis est broyée à nouveau entre des cylindres d'acier.

Ensuite vient le tréfilage en baguettes ou mines : la pâte, parfaitement homogène et plastique, traverse successivement deux presses ; la première sert à la débarrasser des bulles d'air qu'elle pourrait contenir, la seconde comprend un cylindre d'acier, dans lequel on place la mine, et un piston actionné par une vis ; le fond du cylindre porte une filière en pierre dure (saphir, rubis ou diamant) à travers laquelle le piston pousse avec force la pâte, qui sort de la presse sous forme d'un fil continu.

Aussitôt que l'étirage de la mine est terminé, un ouvrier la découpe en tronçons de la longueur de trois crayons et la range sur des tablettes où elle achève de se sécher ; après dessiccation complète, les mines coupées à la longueur voulue sont placées dans des creusets réfractaires en graphite, dont le couvercle est soigneusement luté ; puis on cuit dans un four pendant plusieurs heures à une température de 1.500 degrés.

Cette cuisson terminée, les mines sont prêtes à être collées dans leur gaine de bois.

Les mines des *crayons de couleurs* se préparent d'une façon analogue par agglomération, au moyen de gomme adragante et d'argile blanche ou kaolin, avec du bleu de Prusse, du vermillon, du jaune, etc., suivant la couleur dont il s'agit ; toutefois ces mines ne sont pas calcinées comme les mines de graphite après le tréfilage, mais elles sont imbibées à chaud de paraffine, pour leur donner de la solidité.

Les mines des crayons à copier sont fabriquées avec un mélange de couleurs d'aniline, de graphite et d'argile.

Pour la fabrication des crayons fins, on emploie exclusivement le bois de cèdre (ou genevrier rouge), qui pousse aux États-Unis, principalement en Floride et dans les États voisins ; mais la consommation de ce bois a pris de telles proportions depuis quelques années, que l'on prévoit son épuisement complet à bref délai ; aussi le prix de ce bois a tellement augmenté que l'on en est arrivé à démolir les anciennes charpentes des maisons qui avaient été faites avec ce bois précieux et à arracher les vieilles clôtures de fermes en cèdre rouge ; il paraît que la valeur du bois dépasse souvent celle de la ferme ! Voilà un motif de plus pour développer l'emploi des porte-mine.

C'est à cause de son grain fin, tendre et compact, homogène et parfumé, et de la facilité avec laquelle il se travaille, que ce bois de cèdre est ainsi recherché ; pour envelopper les crayons ordinaires on se sert de tilleul et d'aulne indigènes.

Ces bois sont d'abord débités en blocs, planches et planchettes, par de nombreuses scies (à bois montant, circulaires, etc.) ; puis les planchettes sont exposées dans de vastes séchoirs bien ventilés, où elles se dessèchent parfaitement, rangées sur des rayons.

Ces planchettes ont généralement une largeur suffisante pour faire six crayons, l'épaisseur d'un demi-crayon et une longueur un peu supérieure à la longueur normale d'un crayon.

Après le sciage et le séchage, les planchettes passent aux fraiseuses, qui y creusent six rainures parallèles, demi-circulaires, demi-rectangulaires, etc., suivant la forme de la mine que l'on veut y placer.

A la suite du fraisage vient le collage, qui se fait au moyen d'une machine automatique comprenant trois réservoirs ou trémies : le premier reçoit les planchettes, qui sont poussées devant le second, où se trouvent les mines ; avant de tomber dans les rainures, où elles sont amenées par un distributeur, les mines sont enduites automatiquement de colle forte ; les planchettes garnies de leurs mines sont amenées devant le troisième réservoir, d'où sortent les planchettes rainées qui doivent être collées sur les premières pour former le crayon ; ces planchettes sont enduites de colle forte par la machine ; les deux planchettes collées ensemble viennent tomber sur une courroie sans fin, où les ouvriers les ramassent et les mettent en presse.

Ensuite ces planchettes passent à une machine égaliseuse formée de deux tambours, garnis de papier de verre tournant en sens inverse à grande vitesse, qui les mettent à une longueur uniforme.

Vient alors l'arrondissage ; les planchettes sont placées dans la trémie ou réservoir de la raboteuse automatique, qui les pousse horizontalement au-dessus d'une lame de rabot, tournant à grande vitesse, qui arrondit la première face, puis sous la même lame qui arrondit l'autre face, de sorte qu'en sortant de la machine les crayons se trouvent séparés ; cette raboteuse arrondit 60.000 crayons en dix heures.

Suivant le profil de la lame du rabot on obtient des crayons ronds, hexagones, plats, etc.

Après arrondissage, les crayons sont polis par des rouleaux de papier de verre fin avant de passer à la machine à vernir ; celle-ci se compose d'une trémie garnie de crayons qui, entraînés par des rouleaux, viennent traverser un bain de vernis coloré suivant la teinte à obtenir ; ils sont essuyés automatiquement par un tampon de feutre et tombent sur une courroie de séchage ; on vernit également à la main, au tampon.

Le vernissage terminé, les bouts des crayons couverts de vernis sont coupés par la machine à rogner, qui est formée d'un couteau circulaire, affûté d'une façon continue par une meule d'émeri ; les crayons sont ensuite marqués à la machine, à froid, à l'encre ou à l'or ; certains crayons sont également taillés par des pointeuses automatiques, qui en débitent 20.000 par jour.

Enfin, une dernière fois, les crayons sont vérifiés un à un, empaquetés par douzaines, puis en grosses de douze douzaines.

La fabrication d'un crayon comprend donc vingt-quatre opérations distinctes.

CHAPITRE V

EXÉCUTION

Échelles et décimètres. — L'échelle d'un dessin est, nous le savons (1), le rapport dans lequel les dimensions réelles d'un corps sont réduites ou amplifiées ; le plus

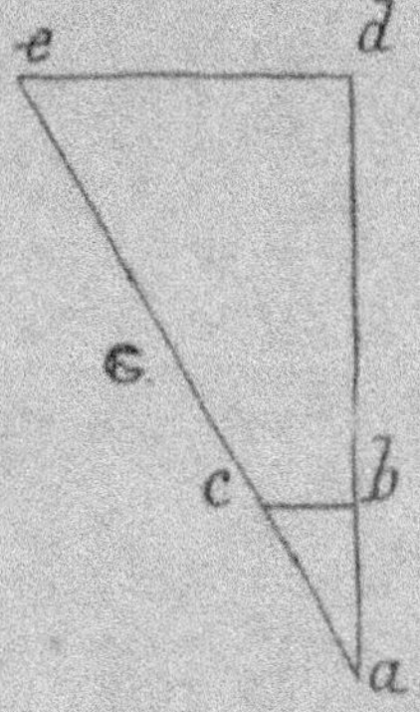

Fig. 203.

généralement elles sont réduites uniformément pour que l'image n'occupe qu'une surface déterminée de la feuille, limitée ou non par un cadre.

(1) Première partie : *Echelles et Cotes*, page 16.

La construction de l'échelle dérive de la similitude des triangles ayant deux bases parallèles et un sommet commun (fig. 203) :

$$\frac{b\,c}{d\,e} = \frac{a\,b}{a\,d}.$$

Admettons que, par une petite étude préalable, on se soit rendu compte que pour figurer convenablement les diverses vues d'un objet dans les limites de la feuille de dessin, une dimension de 1 m. 000 ne pouvait occuper que 200 millimètres, c'est-à-dire qu'en réalité 200 millimètres doivent représenter 1 m. 000 ; le rapport de réduction ou échelle sera en ce cas :

$$\frac{200}{1.000} = \frac{1}{5}.$$

Pour tracer cette échelle (fig. 204), on tire la ligne droite de base, sur laquelle on porte deux ou plusieurs fois des

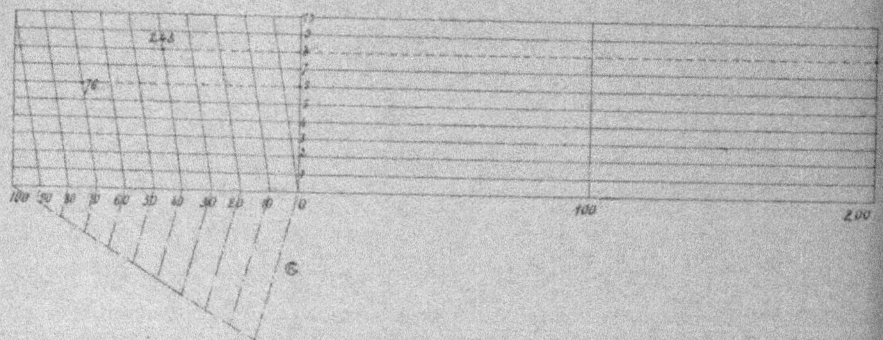

Fig. 204.

longueurs égales à 200 millimètres ; puis l'on numérote chaque division en en laissant une à gauche du zéro qui est seule intéressante à étudier ; pour ne pas compliquer la construction, admettons enfin que la division du mètre en centimètres est suffisante comme exactitude.

La longueur 0-100 sera partagée en 10 parties égales, soit directement par 20 millimètres ou une ouverture de compas correspondant à $\frac{1}{10}$ de 0-100, soit par le tracé géométrique indiqué en dessous ; en 0 et en 100, on élèvera deux perpendiculaires, ainsi d'ailleurs qu'aux points numérotés à droite de 0 ; sur la verticale 0-10, on porte dix divisions égales, à un écartement quelconque mais facile pour la lecture, puis on trace dix parallèles à la base et on les numérote.

La dernière parallèle supérieure 10 est de même partagée horizontalement en dix longueurs égales ; on a donc en 10, 20, 30, etc., de droite à gauche, des points d'épure haut et bas ; on joint enfin, par des obliques : 90-100, 80-90... 0-10, ainsi qu'il est figuré ci-contre ; il ne reste qu'à vérifier ou corriger le tracé et à le passer à l'encre, car cette construction est celle d'une échelle de précision qu'on trouve quelquefois dans quelques ateliers, gravée sur cuivre, buis ou ivoire (1). Elles sont souvent à double entrée, 200 d'un bord valant 100 sur l'autre.

La manière de s'en servir est simple ; il suffit d'observer qu'en remontant de 0 à 10 on rencontre successivement neuf longueurs croissant de dixième en dixième : $\frac{1}{10}$ de 1 décimètre, soit 1 centimètre, $\frac{5}{10}$ de 1 décimètre ou 5 centimètres, etc. ; comme, de plus, les longueurs entre les obliques sont de 1 décimètre jusqu'à la dernière à gauche, on possède toute la numération de 0 à 1 m. 00 par trois chiffres, c'est-à-dire en centimètres.

Au-dessus de 1 m. 00, on utilisera les divisions à droite du zéro ; ainsi, pour relever une longueur au compas à

(1) Il s'en fait aussi en verre, facilitant par transparence la lecture du cadastre et des cartes d'état-major.

pointes sèches ou un rayon avec le balustre à crayon : 0 m. 76 supposons, on placera l'extrémité d'une des branches du compas au point d'intersection de l'horizontale 6 avec la perpendiculaire 0-10 et on ouvrira l'instrument jusqu'à ce qu'il rencontre l'intersection de l'horizontale 6 avec l'oblique 70.

Remarquons ici qu'il est plus commode de fermer l'angle du compas, pour relever exactement une longueur, que de l'ouvrir ; il faut souvent aussi compter avec la flexibilité de l'instrument et s'assurer qu'il ne fait pas ressort ; sinon la longueur ne serait pas précise.

S'il s'agit, comme autre exemple, de prendre une mesure de 2 m. 48, l'une des pointes du compas sera fixée à la rencontre de l'horizontale de 8 avec la verticale 200 ; on ouvrira le compas à 2 m. 60, au jugé, et on amènera la pointe mobile à l'intersection de l'oblique de 40.

Ordinairement, sur les plans d'atelier, on ne retient de l'échelle de précision ci-dessus que la division en dixièmes ; selon la grandeur de l'échelle on va même aux $\frac{5}{10}$ ou aux $\frac{2}{10}$ (chaque dixième partagé en 2 ou en 5), et on tombe alors dans le cas des décimètres du commerce qui sont gradués en centimètres et millimètres ; la division en demi-millimètres n'est pas indispensable parce qu'elle devient trop fine et que, au besoin, il est toujours suffisamment exact de repérer à l'œil le milieu du millimètre.

Toutefois, la construction indiquée est encore plus intéressante quand on a affaire à des mesures anglaises au lieu d'avoir à rapporter des longueurs décimales ; les unités anglaises sont :

Pied (Inch ou In.) = 12 pouces = 144 lignes = 0 m. 30479
Pouce (Foot ou Ft.) = 12 lignes = 0 m. 02540
Ligne (Line ou Li.) = 0 m. 00212

La base et la verticale seront divisées en 12 et les obliques
(fig. 205) seront menées de 11 à 12, 6-7, etc., de sorte que
la dimension 1 pied 3 pouces 10 lignes se relèvera sur
l'horizontale 10 comme le montre le trait pointillé.

Inversement, un croquis bien coté en pieds, pouces et

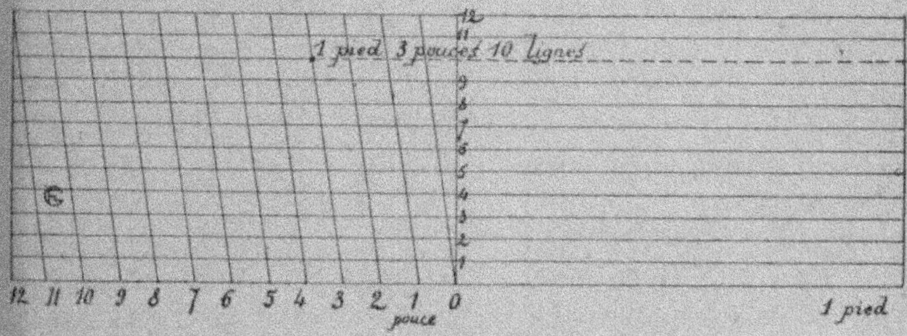

Fig. 205.

lignes pourra se traduire en mesures décimales par combinaison des deux échelles ci-dessus où, bien entendu, la
réduction de l'objet réel, sera faite dans le même rapport :
0-100 = 0-12 ; on dessine les diverses vues en se servant de
l'échelle et des cotes anglaises, mais pour inscrire les cotes
décimales, on prend les mesures sur l'échelle métrique en
arrondissant celles qui ne concorderaient pas suffisamment.

Fixation de la feuille de dessin. — Le mode le plus
pratique de fixer le papier sur la planchette consiste à le
piquer au moyen de punaises ; la tête de celles-ci doit être
aussi mince que possible pour ne pas s'opposer à la
manœuvre du té ou des équerres, ni en abîmer les côtés.

On procède aussi par collage de la feuille ; cette opération
est assez délicate et exige une certaine habileté pour être
convenablement menée ; elle a l'avantage de présenter une
surface bien tendue et sans accidents, mais elle a aussi ses

inconvénients ; entre autres un dessin n'y peut pas être enlevé avant sa complète terminaison.

Pour coller, on mouille l'envers du papier que l'on reconnaît d'ordinaire soit au grain, soit à la marque du fabricant ; il ne faut humecter que modérément, avec une éponge ou un large pinceau et sans, d'abord, atteindre les bords, 1 à 2 centimètres selon dimensions ; on commence par laver les diagonales du papier que l'on imbibe ensuite en tirant du centre vers les côtés ; on laisse, à l'occasion, la feuille s'allonger sous l'effet de l'humidité, puis on passe rapidement l'éponge, pressée de toute son eau, sur les bords et on retourne vivement le papier sens dessus dessous.

On vérifie si la feuille est suffisamment bien posée par rapport à la planchette et on attaque le collage d'un des petits côtés ; il faut agir vivement dès ce moment ; on applique une règle assez longue et un peu épaisse parallèlement à ce petit côté à un écartement de 5 millimètres à 1 centimètre ; on relève le bord soit avec l'ongle du pouce, soit avec le manche d'un grattoir (ou analogue).

On introduit la colle liquide ou la colle à bouche dans l'angle du papier et du bois de la planchette, tandis que la règle est solidement tenue en place ; avec un peu d'habitude, on réussit à faire suivre la colle à bouche par l'index de la main gauche, de telle sorte qu'on appuie mieux le papier contre la colle ; quand toute la longueur du côté est gommée, on rabat le papier contre le bois, on frotte avec l'ongle ou avec un frottoir quelconque la partie à faire adhérer et, au besoin, on interpose un morceau de papier pour ne pas salir la feuille ni entraîner la colle.

Quand on s'aperçoit de gondolements, se hâter d'appuyer à nouveau et même de réencoller ces endroits.

L'autre petit côté est ensuite entrepris avec les mêmes précautions et les grands bords en dernier lieu seulement ;

éviter de tirer sur la feuille humide ; jusqu'à ce que l'adhérence soit à peu près certaine, surveiller le séchage et parer aux soulèvements des bords à l'aide de poids ou d'objets pesants ; sinon l'air pénétrerait en dessous du papier qui ne se tendrait pas nettement.

Les planches à baguettes suppriment, ainsi que nous l'avons vu précédemment, les risques du collage ; les feuilles sont humectées plus légèrement que dans le cas précédent ; parfois elles ne le sont même pas du tout.

Eu égard à ce que les feuilles collées ou pincées sont plutôt réservées à des ensembles ou à des détails très soignés, il est bon de les préserver des souillures et de la poussière à l'aide d'un papier calque les couvrant entièrement et pincé, épinglé ou collé ; tantôt ce cache-poussière n'est retenu que d'un côté pour pouvoir être facilement enlevé ; tantôt il est maintenu sur tout le pourtour et alors on y découpe au fur et à mesure la surface utile au travail, quitte à combler la découpure par le collage d'autres morceaux de papier calque.

Copie de modèles. — Le maniement des instruments et l'application des instructions qui les concernent doivent, au début, s'entreprendre sur de bons modèles allant du simple au compliqué, surtout pour le dessin à l'encre ; il n'y a pas à rechercher, à ce moment, si le modèle contient ou non des erreurs en tant que cotes ou impossibilité d'exécution matérielle ; la critique n'est pas encore permise.

Le mieux, à notre avis, est de commencer par calquer et, presque simultanément, de reproduire au seul crayon, soit en croquis, soit en dessin, certains organes que l'on a déjà calqués ; on termine à l'encre pour s'exercer ; une petite différence est néanmoins à signaler de suite : le trait à l'encre ne vient pas tout à fait pareil sur le papier à dessin et sur le papier calque, plus gras.

Choix de l'échelle. — Avant de commencer le tracé d'un plan, il faut sérieusement examiner si toutes les vues, figures et indications utiles pourront être contenues dans la feuille de dessin ; on sera d'ailleurs souvent entraîné à dessiner plusieurs planches parce que la forme ou le nombre des pièces l'exigent.

Il est en effet bien rare que tous les détails un peu importants d'un moteur, d'une machine-outil puissent être relatés sur une seule feuille de dimensions pratiques dans les ateliers ; le demi-grand-aigle n'est déjà pas toujours commode à manœuvrer lors de la lecture au traçage ou à l'exécution et, la plupart du temps, on le plie pour qu'il embarrasse moins.

Les plans sont au surplus destinés à divers ateliers : modelage, fonderie, forge, etc., sans compter ceux d'ensemble et de montage ; enfin les échelles ne seront pas les mêmes pour les dessins d'ensemble et pour les planches de détails ; en conséquence ces échelles devront être choisies non seulement pour la plus grande commodité de la lecture, mais aussi pour le rattachement des planches entre elles, afin qu'aucune confusion ne soit permise.

En principe, un plan est plus clair et susceptible de plus de détails quand il est tracé à grande échelle ; mais on conçoit qu'il y a lieu de n'en pas faire une règle absolue et de considérer le temps et les dépenses matérielles à y consacrer, puisque la netteté peut aussi bien être obtenue, fréquemment, au moyen d'échelles réduites au minimum convenable.

En résumé donc, porter d'abord son choix sur des échelles condensées mais lisibles quant à ce qui touche les ensembles, et tracer les détails, d'un intérêt méticuleux, à aussi grandes dimensions que possible.

La discussion préalable que l'on s'impose à soi-même, pour déterminer le nombre et le sens des vues et des coupes

qu'il va falloir dessiner, conduit naturellement aux cotes
d'encombrement général, auxquelles on ajoute les intervalles séparant les vues ou projections, les espaces réservés
aux titres et les surfaces des légendes ou des nomenclatures éventuelles ; tout cela se définit par tâtonnements

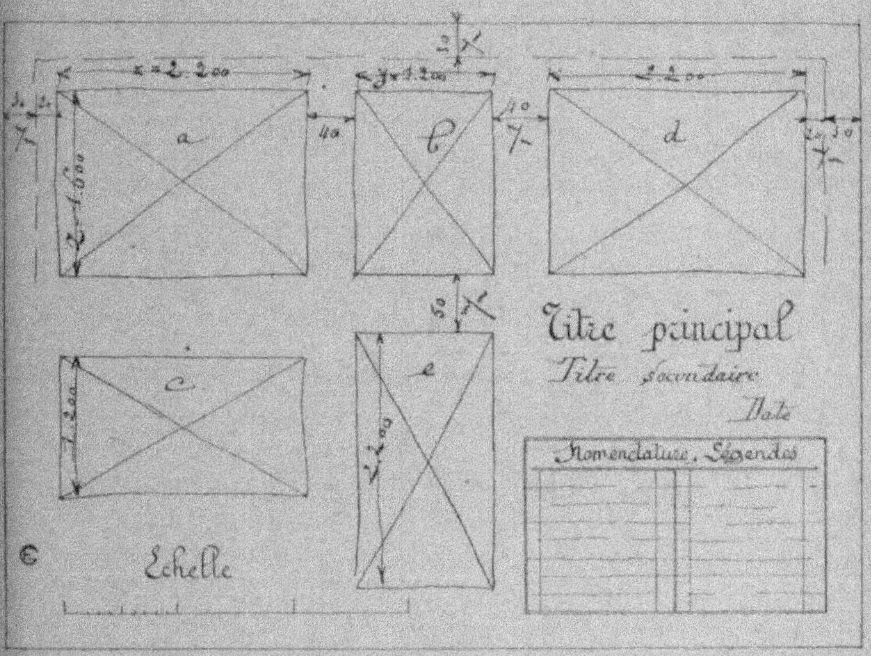

Fig. 206.

quand il s'agit d'une étude, mais se présente presque sans
aléas pour un rendu sur croquis coté grossièrement.

Additionnons, en effet, les encombrements horizontaux
et les encombrements verticaux (fig. 206) ; respectivement
on obtiendra deux sommes de dimensions qui constituent
des minima ; l'écartement des figures et le placement des
cotes nécessiteront d'augmenter plus ou moins largement
lesdites mesures ; les écritures et le blanc du pourtour
interviendront aussi dans de certaines proportions, sus-

ceptibles d'être approximativement estimées ; il sera donc relativement simple d'en conclure que telles longueurs et largeurs réelles devront être représentées par les nombres de centimètres offerts par la feuille en hauteur et en largeur.

Pour fixer les idées, supposons (figure ci-dessus) qu'une feuille de papier bulle rosé, découpée à 0 m. 55 $\times$ 0 m. 75 dans un rouleau de 1 m. 50 $\times$ 10 m. 00, nous soit remise pour dessiner les cinq ensembles aux encombrements donnés ; a, b, c sont des aspects extérieurs, tandis que d, e sont des coupes au moyen desquelles les positions relatives des axes principaux seront amplement définies. Les cotes d'encombrement sont $x = 2$ m. 200, $y = 1$ m. 200 et $z = 1$ m. 600.

L'addition des cotes nettes réelles produit :

2 m. 200 + 1 m. 200 + 2 m. 200 = 5 m. 600

en largeur ;

1 m. 600 + 2 m. 200 = 3 m. 800

en hauteur ; d'autre part, au jugé, 40 à 50 millimètres nous seront utiles comme prévision des intervalles, et 20 millimètres pour l'inscription des cotes générales ; on désire enfin réserver un blanc de 30 millimètres régulièrement sur le pourtour, pour une coupe propre, entre autres aléas.

Il y a donc lieu de retrancher des dimensions totales de la feuille :

30 + 20 + 40 + 40 + 20 + 30 = 180 millimètres

sur la largeur :

30 + 20 + 40 + 20 + 30 = 140 millimètres

sur la hauteur, pour obtenir la surface qui reste pour les cinq figures,

soit   750 — 180 = 570 millimètres.

sur   550 — 140 = 410   —

qui correspondent à 5 m. 600 $\times$ 3 m. 800.

En définitive, l'échelle de $\dfrac{1}{10}$ (0 m. 570 figurant 5 m. 600)

apparaît immédiatement comme la plus logique dans cet exemple simple; à titre de variante, nous discuterons le cas suivant où, sauf les dimensions totales, les figures gardent la même disposition.

La longueur x devient 3 m. 000, la hauteur $z = 2$ m. 200, la largeur $y = 1$ m. 800, et le tout doit tenir dans un cadre identique de 0 m. 750 $\times$ 0 m. 550 ou, net, dans une surface de 570 $\times$ 410 ainsi que précédemment; les dimensions cotées produisant 7 m. 800 $\times$ 5 m. 200, l'échelle de $\dfrac{1}{10}$ ne convient pas; la plus grande qu'il soit possible d'adopter se déduit de l'obligation que 0 m. 570 représente 7 m. 800; ce serait alors le rapport $\dfrac{0,570}{7,800} = 0$ m. 073 par

mètre (presque celle de $\dfrac{3}{40}$).

Or, nous appuyant sur les conventions expliquées dans la première partie, il nous est défendu d'employer de ces échelles insipides qu'il faut construire ou qui nécessitent de calculer la réduction des cotes; le dessin sera donc plus petit et tracé à l'échelle de 0 m. 050 $= \dfrac{1}{20} = \dfrac{2}{40}$; une autre raison d'adopter 1, 2 ou 5 ou leurs multiples décimaux comme dénominateurs et uniformément 1 au numérateur, c'est que certaines échelles ne permettent pas une appréciation assez juste des proportions d'ensemble et des formes; c'est un fait acquis et connu de tous les praticiens que, par exemple, le rapport $\dfrac{1}{3}$ trompe inévitablement quant à l'aspect obtenu, sans doute parce que l'œil est mieux satisfait et moins dérouté quand on se figure d'avance, sans raisonnement et par routine, que 50 millimètres, 200 millimètres correspondent à 1 m. 000.

Il faut, en résumé, avoir de bons prétextes pour se servir des échelles $\frac{1}{4}$, $\frac{7}{30}$ et autres, et seulement pour des ensembles; le rapport $\frac{1}{2}$, lui-même, ne rend pas quant à l'appréciation qu'il permet des pièces détachées.

Si on décide d'exécuter le plan à une échelle ne pouvant comporter l'emploi direct du décimètre ordinaire, il faut la construire en papier fort que l'on promènera sur le dessin à l'instar du décimètre.

A cet effet (fig. 207), on plie le papier ou on y découpe un bord bien droit; sur la ligne ainsi obtenue, on porte plu-

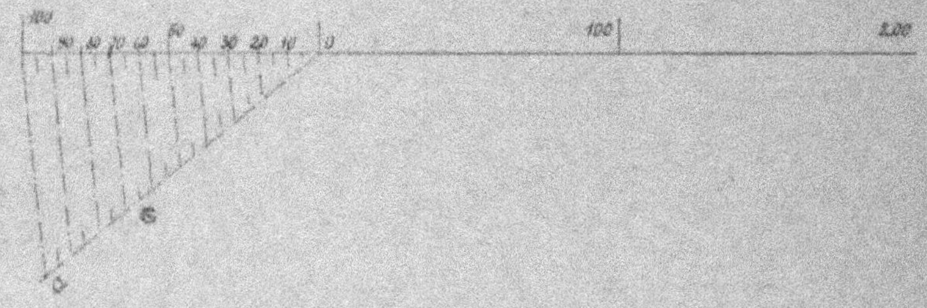

Fig. 207.

sieurs fois le nombre de millimètres représentant 1 mètre, 42,5 par exemple; on divise en 10 parties égales la première longueur à gauche, soit à l'aide du compas à pointes sèches, soit directement avec le décimètre, soit de préférence par le tracé ci-contre; quand la grandeur de chaque dixième le permet, on pousse plus loin encore la construction, en partageant toute cette partie de gauche en $\frac{1}{2}$ dixièmes, $\frac{1}{5}$ de dixièmes, $\frac{1}{10}$ de dixièmes.

Afin que les parallèles à a-100 coupent le bord 0-100 selon des perpendiculaires ou presque, ce qui donne plus de précision, on commence par tirer 100-a à peu près normale ; a est ensuite choisi tel, avec le décimètre passant par 0 et la division zéro de celui-ci voyageant le long de l'indéfinie 100-a, que a-0 contienne un nombre de millimètres facile à diviser en dixièmes de a-0, ou en vingtièmes, cinquantièmes et même centièmes ; mais on doit tracer les parallèles des dixièmes en premier lieu pour éviter toute confusion et les numéroter aussitôt après.

Le tracé précédent trouve d'ailleurs une application fréquente chaque fois qu'il s'agit de partager une longueur donnée en un nombre quelconque de fractions exactement égales ; lorsque les divisions sont obtenues, on gomme le tracé d'épure.

Agencement général d'un plan. — Le petit examen préparatoire relatif au choix de l'échelle conduit à disposer bien et rapidement les diverses vues et coupes que l'on veut dessiner, c'est-à-dire que, connaissant les centres approximatifs des figures et des blancs où elles doivent être reproduites, les axes ou les lignes principales du plan se placeront à l'échelle presque d'eux-mêmes autour de ces centres.

On répartit en outre les intervalles présumés afin qu'il y ait marge suffisante pour les écritures et annotations quelconques.

Tracé au crayon. — Il s'exécute avec un crayon de dureté moyenne dont la pointe doit être soigneusement affilée ; comme l'usage du té et des équerres est le plus généralement répandu, il est sous-entendu dans ce qui va suivre que ce sont là les instruments principaux qui seront employés.

A l'aide du double, ou triple décimètre, ou encore de l'échelle que l'on a fabriquée, on repère la position des axes, s'il y en a, ou des lignes de base; les points sont marqués finement et soigneusement avec la tranche de la pointe du crayon, mais les axes sont tirés en appuyant fermement le té ou l'équerre contre le papier pour qu'il y applique parfaitement, et le crayon y est guidé par sa partie plate pour que le parallélisme soit complètement précis.

On trace de même les axes secondaires et les lignes de première utilité, le plafond ou le sol par exemple; on passe ensuite successivement aux détails en observant un certain ordre; rien ne peut être prescrit, à ce sujet, d'une manière absolue; dans quelques cas, en effet, on gagnera du temps par certaines méthodes, tandis que d'autres fois ces mêmes méthodes engendreront de la confusion et nécessiteront une révision.

C'est ainsi qu'on a parfois avantage à marquer immédiatement les divers points de passage de plusieurs parallèles et à tracer l'amorce de ces parallèles; sur ces parallèles elles-mêmes, il se pourra qu'on trouve efficace d'indiquer les intervalles d'autres parallèles, etc.; mais, de toutes façons, il faut s'habituer à limiter les lignes au strict indispensable pour la construction d'une rencontre ou d'un congé, et non pas les prolonger avec excès; non seulement il est ensuite nécessaire d'effacer, mais encore les traits inutiles sont dangereux.

Les circonférences se tracent seulement quand le compas est bien centré; les congés et les raccords de rayons imposés demandent beaucoup de soins, et leurs différents centres doivent être dûment indiqués, par un petit cercle à la main entourant le point vrai, de préférence; les courbes obtenues par points, les épures d'intersections, etc., seront traitées finement pour qu'au besoin elles puissent supporter le *coup de pouce* et être terminées soit au pistolet, soit à la main, soit au balustre par parties raccordées.

Quand un organe se présente en biais, il y a lieu d'en faire à part et d'avance un croquis rudimentaire sans cotes selon le plan de projection ; au moyen de quelques dimensions portées ensuite sur le dessin en cours, cette perspective est souvent suffisante pour montrer clairement la partie biaise, qui ne doit jamais, ultérieurement, être cotée dans la vue considérée.

L'esquisse une fois terminée légèrement au crayon non appuyé, on en fait une inspection plus ou moins rapide ; parfois on rétablit quelques lignes ou quelques dimensions et, si l'on est satisfait de cet examen et de ces corrections, on le repasse entièrement au crayon en traits plus accentués, soit qu'il doit être conservé tel quel, soit qu'il doive être transformé en dessin à l'encre.

Si le plan comporte des coupes, il est bon d'en amorcer sommairement les hachures ; on trace enfin les traits de cotes avec les précautions signalées dans un précédent paragraphe.

Les lignes pour les titres, les tableaux des légendes se font en dernier lieu dans les blancs prévus à cet effet ; les écritures seront particulièrement traitées avec goût, sinon elles enlèveraient absolument tout œil même à un dessin parfait comme exécution et comme pureté des traits.

Tracé à l'encre. — Bien que l'on se dispense, dans la plupart des ateliers de construction mécanique, de terminer les plans-minutes par un passage général à l'encre, le dessinateur n'en doit pas moins être rompu à ce tracé, afin de n'être jamais pris au dépourvu ; un calque soigné, un ensemble très chargé, peuvent lui être confiés d'urgence, qui nécessitent dextérité, savoir et promptitude.

Quand le plan n'est tracé qu'au crayon, cela permet des modifications plus faciles aux parties ou aux organes que l'on aurait jugé nécessaire d'améliorer avant ou après l'exécution, pour un motif ou un autre ; en outre, les plans-minutes étant généralement calqués pour en tirer des bleus d'atelier et de fournisseurs, il reste ainsi trace des premières dispositions malgré les changements successifs qu'a suggérés l'expérience.

Pour passer à l'encre, on commence par refaire entièrement le dessin en traits fins ; ces traits doivent être réguliers comme grosseur et, selon les cas, on leur donne plus ou moins de ténuité ; il n'est pas indispensable qu'ils soient archi-fins, presque invisibles, d'autant mieux que, comme l'on enlèvera les traces du crayon au moyen de la gomme, il pourrait leur advenir du vilain.

Une bonne précaution consiste à armer d'abord les tire-lignes et balustres, par des essais préalables, à une ouverture des palettes d'où résulte cette uniformité de la grosseur du trait ; puis à en garder des témoins dans un coin de la feuille.

Les congés et raccords seront exécutés les premiers, en partant des arcs ou courbes de plus petit rayon ; les circonférences se décriront ensuite et, lorsque le tire-lignes reviendra près du point de départ, après un tour presque complet, on fera en sorte d'arriver juste, en réduisant la vitesse pour ne pas trop dépasser ce point.

Les lignes horizontales, y compris les axes et les cotes si le dessin est bien clair, seront toutes passées d'un seul tenant, de même pour les verticales ; mais s'il peut y avoir risque de confusion, il est préférable de commencer par les axes horizontaux et verticaux, de continuer par les traits pleins dans un sens puis dans l'autre, de faire les pointillés des parties cachées et de terminer par les cotes.

Il va sans dire que les compas seront convenablement chargés d'encre, ainsi qu'on l'a vu précédemment ; il ne faut pas en mettre avec excès parce que le trop-plein tomberait fatalement sur la feuille et que, parfois, le trait n'est pas si pur; il vaut mieux recharger souvent et modérément et, chaque fois, nettoyer les palettes avec l'essuie-tire-lignes; se garder de conserver l'encre trop longtemps dans les instruments.

Si le malheur arrive qu'une goutte d'encre salisse le dessin, soit par chute, soit parce que le tire-lignes n'est pas sec à l'extérieur des branches, soit parce que les doigts ou les équerres laissent à désirer, éponger immédiatement et adroitement avec du buvard et assécher l'endroit avant de réparer le dégât par le secours du grattoir ou de la gomme à encre.

En général, cet accident n'est pas grave; il n'y a que dans le cas où le dessin doit recevoir des teintes qu'il faut absolument l'éviter en redoublant de soins, car l'endroit de la réparation est alors toujours visible.

Le plan étant entièrement fini quant aux lignes vues ou cachées, on couvre les parties en coupe par des hachures ou par des teintes.

Hachures. — Les hachures régulièrement espacées s'obtiennent rarement au jugé; il vaut mieux user de tours de main; à cet effet, s'il s'agit du calque d'un dessin, on peut employer un papier quadrillé glissé sous le calque et présenté à l'inclinaison de 45°; il ne reste qu'à copier le quadrillage à plus ou moins d'écartement, en s'arrêtant nettement aux limites de la coupe.

Mais pour un dessin-minute, sur papier fort, on est dans l'obligation de se servir d'une équerre spéciale à hachures que, d'ailleurs, on peut confectionner soi-même dans de vieilles équerres (fig. 208);

$$a = h + \frac{1}{2} \text{millimètre.} \qquad c = h +$$

$$b = h + 1 \text{ millimètre.} \qquad d = h + \qquad ;$$

les échancrures sont taillées selon le plus ou moins de finesse que l'on a reconnue pratique par expérience.

Quand une hachure a été faite avec l'équerre h, on rend celle-ci absolument immobile en l'appuyant fortement

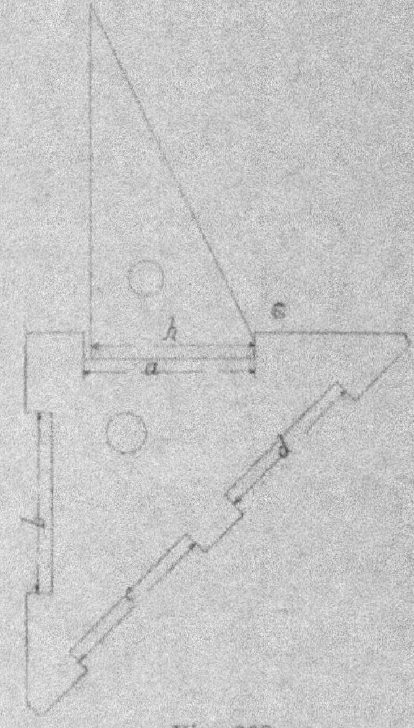

Fig. 208.

contre le papier, et on déplace a jusqu'à ce qu'elle butte bien parallèlement sur le talon de h; on déplace h à son tour et on peut tirer une hachure à l'écartement de $a - h$; par deux déplacements successifs on aurait le double de cet écartement.

Les *teintes* et les *traits de force* font l'objet de paragraphes spéciaux (voir plus loin).

Intersections. — La rencontre de deux surfaces qui se coupent se détermine au moyen d'un tracé auquel on donne

plus particulièrement le nom d'épure ; quand cette ligne
d'intersection résulte automatiquement du travail mécanique que subit ultérieurement la pièce, on peut se dispen-
ser de l'indiquer d'une façon mathématique et se contenter
d'un aperçu approximatif de la courbe probable ; les écrous
6 pans, les pénétrations à vives arêtes d'un robinet, l'amortissement d'un boulon à tige carrée sur le corps fileté et
autres détails classiques sont dans ce cas.

Quand au contraire les intersections demandent un degré

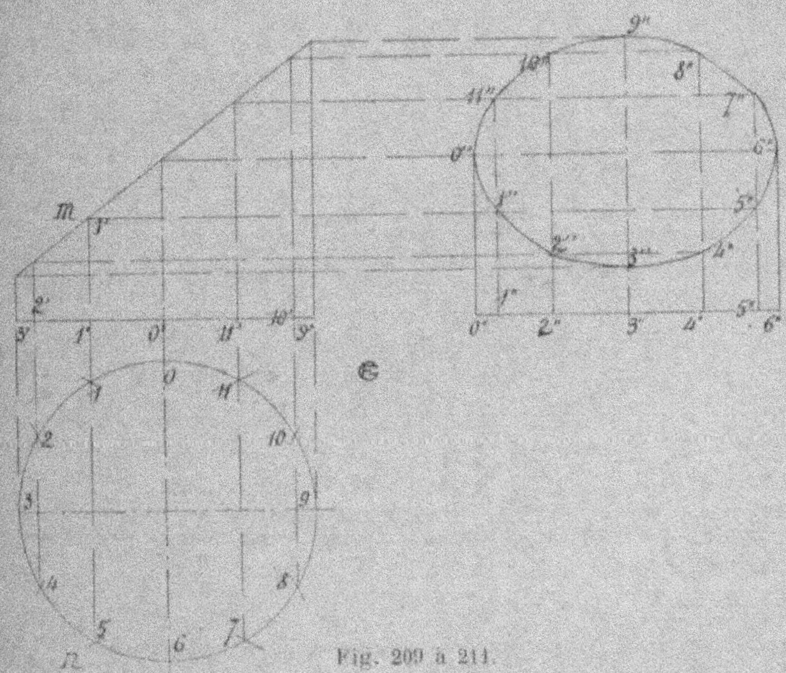

Fig. 209 à 211.

de précision suffisant pour que des cotes y soient directement relevées, il y a lieu de les construire par points et de
faire appel à la géométrie élémentaire ; la méthode consiste à imaginer que les deux surfaces sont coupées par un
même plan, puis à rechercher les intersections de chaque

surface par ce plan ; ces dernières lignes, droites ou
courbes, se rencontreront puisqu'elles sont contenues dans
le plan de coupe, et les points communs ainsi déterminés
seront des points de la ligne générale d'intersection.

En faisant varier la position du plan auxiliaire ou, quelquefois, du cylindre auxiliaire de coupe, on construira la
ligne d'intersection par points successifs plus ou moins intéressants et nombreux.

Les sections appelées *sections coniques* en géométrie étant

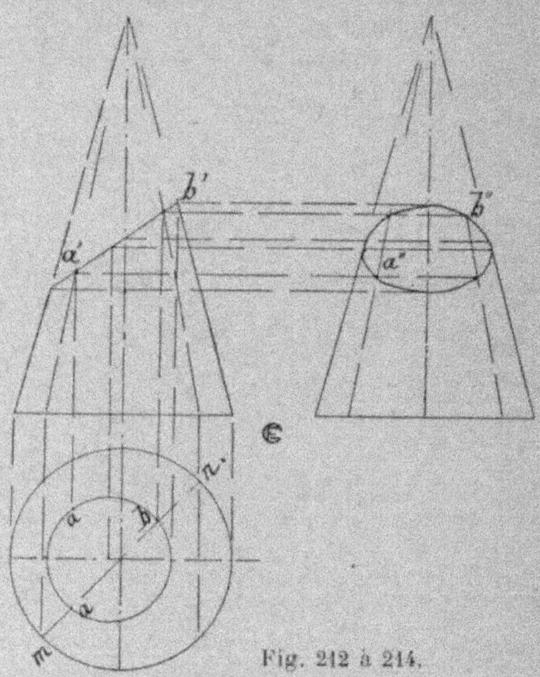

Fig. 212 à 214.

les plus fréquentes, nous rappelons que leur épure est
obtenue ainsi que ci-contre (fig. 209, 210, 211) ; un cylindre,
représenté en trois vues, est coupé en biais par un plan ;
c'est le cas de certains burins de Tour, où le tranchant doit
faire un angle défini.

Un plan vertical auxiliaire *m n* coupera le cylindre selon deux droites, figurées en 15-1'1', 1''1''-3''5'' ; il rencontrera le plan biais selon une droite 15, 1', 1' 5'' ; par conséquent les points communs 1'', 3'' du profil appartiennent à l'intersection ; en répétant cette opération pour plusieurs points, on aura suffisamment de données pour un tracé rigoureux ; on sait qu'en profil la courbe est une ellipse dont les points intéressants sont 0'' 6'' et 3'' 9'' aux extrémités des axes.

Dans la première partie, on trouve une application de ce tracé à la coupe d'une virole sans épaisseur par un plan et au développement de cette virole (fig. 129 à 131 de la *Lecture des plans*).

L'intersection d'un cône droit et d'un plan s'obtient (fig. 212, 213, 214) en faisant passer les plans auxiliaires par le

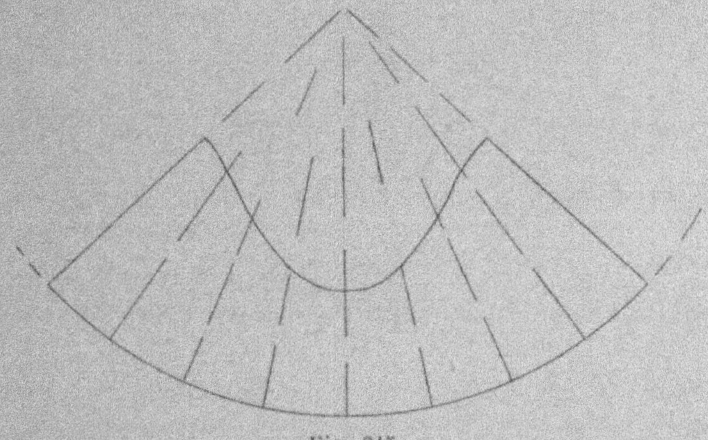

Fig. 215.

sommet du cône et en les choisissant verticaux ; ils déterminent des génératrices que l'on projette sur l'élévation et le profil ; l'horizontale d'un point de rencontre de la génératrice avec le plan réel d'intersection donne un point de la courbe cherchée.

Le développement du cône, ouvert sur une quelconque
de ses génératrices, celle de la clouure de préférence, four-

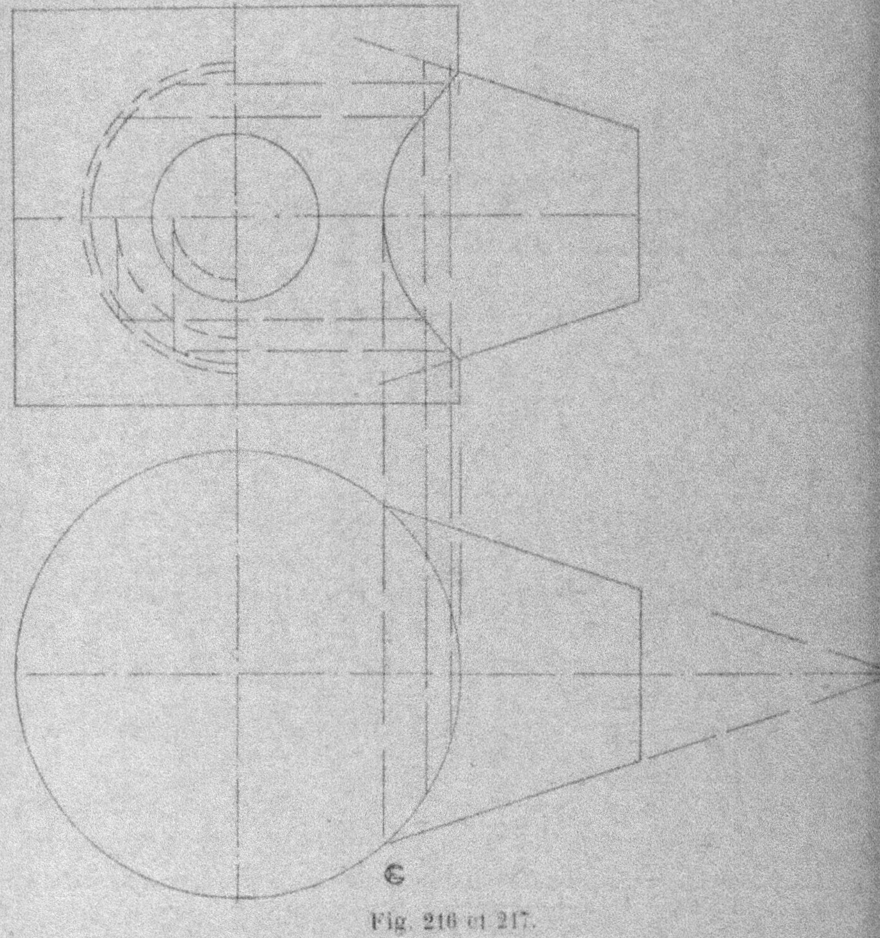

Fig. 216 et 217.

nit les éléments qui permettent de tracer et de découper la
tôle aux proportions exactes de l'exécution (fig. 215).

La rencontre d'une virole par une partie conique se
trace tout aussi aisément (fig. 216, 217) en choisissant des
plans auxiliaires verticaux et perpendiculaires à l'axe du

cône ; en reportant soigneusement les longueurs de l'é-
pure sur la tôle, ou même en les cotant en dessin, l'atelier
n'éprouvera aucun embarras pour confectionner le joint du
cylindre et du cône.

Pour les congés (fig. 95, 96 de la première partie ou
218, 219) et autres raccords analogues, les plans auxiliaires

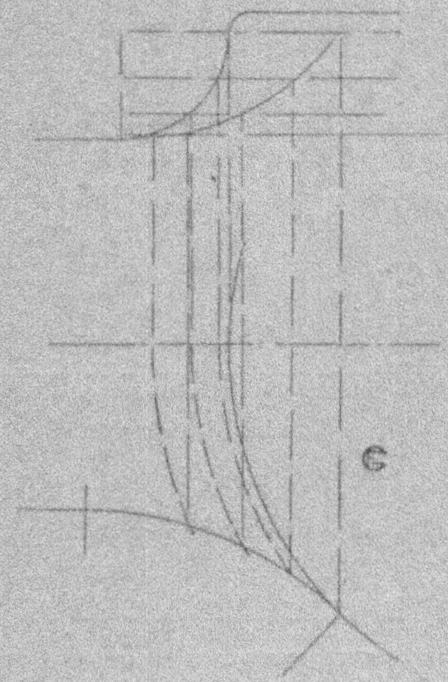

Fig. 218 et 219.

donnent des circonférences rencontrant d'autres congés ou
raccords ; il suffit de projeter avec attention les points de
passage sur les diverses vues pour obtenir des courbes convenables.

Teintes conventionnelles. — Les teintes se couchent
aussitôt que le trait est terminé (à l'encre généralement) et
le dessin bien nettoyé de toute trace de crayon inutile ; les
traits de force et les écritures ne viennent qu'ensuite.

Afin que les teintes soient pures et régulières, il est nécessaire de coller le papier sur la planchette ; sinon il gondolerait et le liquide s'écoulerait, naturellement, vers les creux où il produirait des tons plus accentués.

Les teintes représentant conventionnellement le même métal ou la même matière seront passées d'un seul tenant et, après terminaison, les pinceaux seront parfaitement rincés et égouttés ; le pinceau peut prendre beaucoup de couleur dans le godet si, d'une part, la surface en coupe est assez grande et si, d'autre part, le dessinateur a déjà quelque peu d'habitude ; mais il est préférable de procéder modérément, au fur et à mesure, en tirant la teinte à soi et la planchette légèrement inclinée dans le sens voulu ; le principal est de ne pas laisser sécher, plus ou moins, aucune partie sur laquelle on devra reprendre.

Afin que la quantité de teinte emmagasinée par le pinceau soit à peu près uniforme chaque fois qu'il retourne au godet, on le passe légèrement sur le bord de celui-ci, ce qui a en outre pour avantage d'y laisser déposer les poussières ou autres qui feraient tache si elles étaient amenées sur la feuille de dessin.

Il est intéressant de signaler que quelques gouttes de glycérine retardent le séchage général des teintes sur de grandes surfaces.

Comme il a été dit précédemment, l'extrémité du pinceau devra être promenée fine lorsque se réduit la distance entre deux traits où il faut passer ; il va de soi qu'avant d'appliquer une teinte, on l'aura préparée au ton général, ce dont on s'assure par des essais sur un autre morceau de papier.

Il ne faut, lors du travail des teintes, être embarrassé par quoi que ce soit : équerres, crayons, compas, etc., car la planchette demande à être chavirée librement en tous sens ; on prend même la précaution d'écarter les godets et les couleurs humides le plus possible.

Avec les couleurs en pain, les teintes de ton exagéré, ou

trop foncées ou mal réussies, s'adoucissent, et même si besoin s'enlèvent, à l'aide d'une éponge franchement imbibée d'eau que l'on promène sans appuyer sur toute la surface de la feuille ; il est à désirer, par conséquent, que cette dernière soit solidement collée ; bien entendu, après réparation du dégât, on doit laisser sécher le papier complètement, car les teintes ne peuvent bien se coucher que sur une feuille sèche.

Il n'en est pas de même avec les encres indélébiles modernes qui, tout en donnant satisfaction complète, nécessitent un peu d'habitude ; l'expérience s'en acquiert d'ailleurs assez vite ; il est évident que le papier (support de la teinte) y joue un rôle dont il faut se rendre compte, et choisir une marque de tout repos, J. M. Paillard entre autres qui s'en est fait une spécialité après études sérieuses.

La coupe d'une machine ou d'un organe nécessite parfois le contact de pièces différentes de même matière ; les praticiens soigneux arrêtent alors, en cette occasion, leur teinte à une très légère distance des traits jointifs, 1 demi-millimètre à 2 millimètres selon la surface coupée ; cette méthode est minutieuse et réclame quelque dextérité, mais au moins chaque partie est mieux définie ; d'ailleurs elle est indispensable pour la figuration des plans à la manière noire (fig. 240, 241), c'est-à-dire suppression des hachures et des différences de métaux.

Chaque bureau d'études, qu'il s'agisse des chemins de fer, des grandes administrations, des services de l'État, etc., a adopté des teintes conventionnelles qui lui sont spéciales ; ces coutumes sont excessivement regrettables et il est fâcheux qu'il n'ait pu encore y avoir uniformité dans la représentation d'un métal ou d'un corps quelconque.

Donc, à titre d'indication seulement, voici comment on représente en teintes conventionnelles les matières les plus fréquemment utilisées dans l'industrie au moyen des couleurs liquides encartées dans notre volume à cette intention :

Fonte. — Teinte neutre délayée avec trois parties d'eau (environ, selon l'importance des détails et la surface de la coupe, *soit dit une fois pour toutes*) ;

Fonte malléable. — Indigo ;

Fer et acier doux. — Bleu de Prusse ;

Acier coulé. — Violet clair ;

Acier trempé. — Violet foncé ;

Cuivre rouge. — Orangé ;

Cuivre jaune. — Jaune ;

Bronze ordinaire. — Terre de Sienne ;

Bronze spécial. — Terre de Sienne brûlée ;

Métaux mous, antifriction. — Outremer ;

Accessoires : Cuir, caoutchouc, etc. — Vert foncé ;

Vitrerie, eau. — Vert clair ;

Maçonneries. — Carmin, encre de Chine ou jaune, selon qu'il s'agit de constructions : nouvelles, existantes ou à démolir ;

Béton et terrain. — Noir ;

Matériaux réfractaires. — Vermillon, en coupe ; brun rouge, en élévation ;

Bois tendre. — Terre de Sienne brûlée et veinures ;

Bois dur. — Sépia et veinures ;

Traits de cotes. — Écarlate   ) sans addition
Axes et lignes d'épures. — Bleu de Prusse)   d'eau.

Toutes les nuances de cette palette ont été exécutées à la main ; il a été réservé une colonne d'essais où chaque encre figure, ainsi que dans la pratique, en trait fin ou en trait de force ; puis après coup, une teinte plate a été passée sur l'ensemble des traits de cette colonne (pages 152 à 153).

Traits de force. — Malgré la critique formulée précédemment à leur égard, les traits de force ont une certaine

utilité pour des ensembles ou pour quelques organes dont
il faut accentuer les reliefs.

Toute la théorie sur la convention des traits de force
repose sur ce principe : une *arête* non rentrante qui limite
une surface dans l'ombre doit être renforcée; par suite les
génératrices formant le contour apparent d'un cylindre,
par exemple, resteront en traits fins.

La règle générale, pour les ombres, est de supposer la
pièce éclairée par des rayons lumineux parallèles, frappant

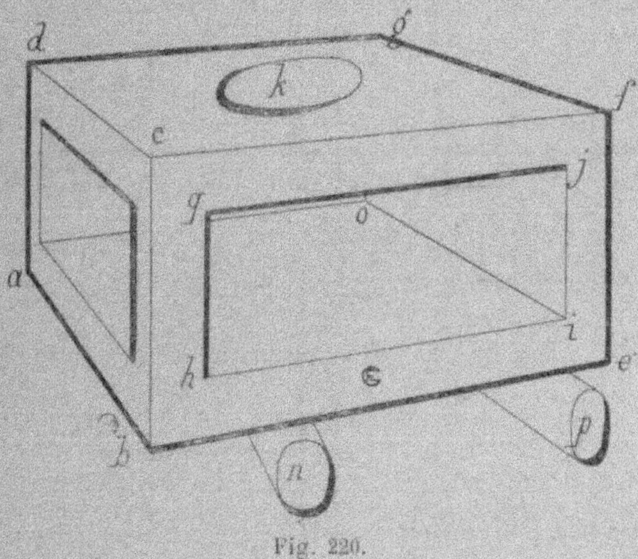

Fig. 220.

à 45 degrés le plan horizontal ; de plus, la lumière vient de
haut en bas et de la gauche vers la droite ; en pratique, on
ne rabat pas les rayons lumineux des profils, que l'on suppose toujours venir comme dans l'élévation principale
(fig. 221 et suivantes); une convention analogue règne
pour les figures et coupes en plan, l'ombre s'allongeant de
gauche à droite uniformément à 45 degrés, quelle que soit
la vue offerte.

De la perspective ci-contre, on déduit à simple examen quels sont les contours qui devront être en traits de force (fig. 220) :

Les faces $abcd$, $bcfe$, $cdgf$ sont éclairées ; leurs

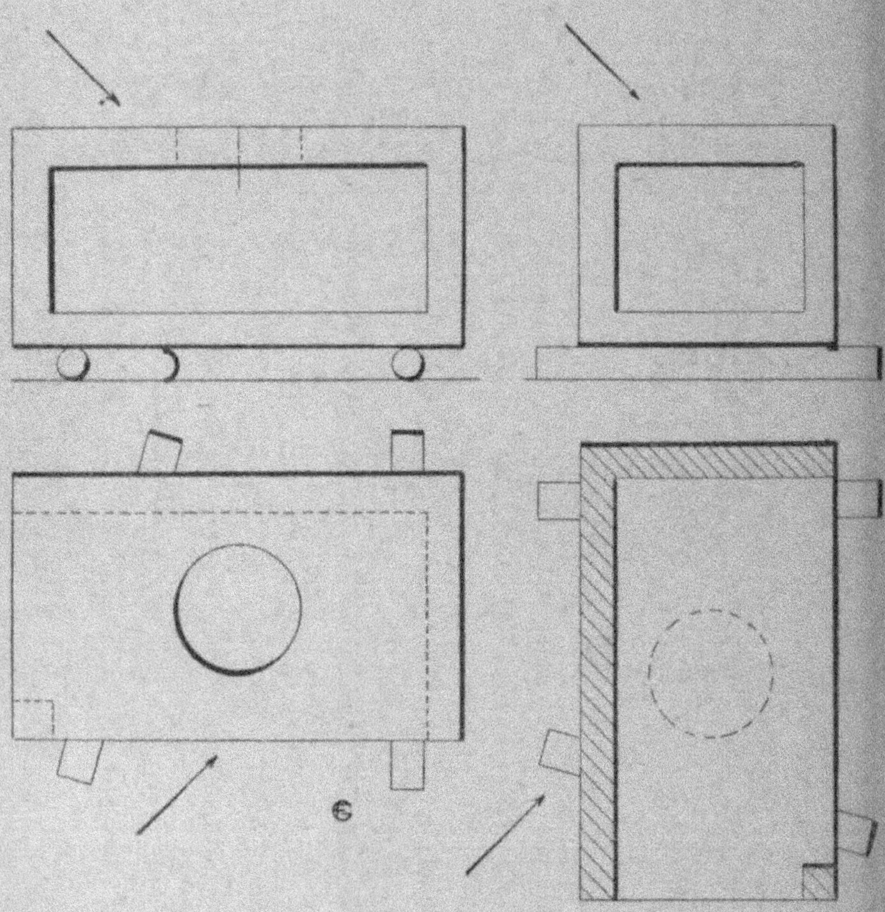

Fig. 221 à 224.

rencontres avec tous les autres plans portent ombre ;

Les arêtes hi et ij appartiennent à deux plans en pleine lumière ;

L'angle rentrant *o i*, pas plus qu'aucun de ses similaires, ne recevra de trait de force ;

Le cercle *k* est limité par une conférence qui est la rencontre de parties en pleine lumière et de parties mi dans l'ombre ; les traits de force y seront *fondus* ;

Les cercles *n* et *p* seront aussi fondus.

La mise au point de ces diverses lois est appliquée ci-contre (fig. 221 à 224), en élévation, plan, profil et coupe ; nous en donnerons d'autres exemples plus loin, mais il nous faut ici indiquer la façon de raccorder un trait fin avec un trait de force, pour un cercle complet ou pour un raccord frappés tangentiellement par le rayon lumineux.

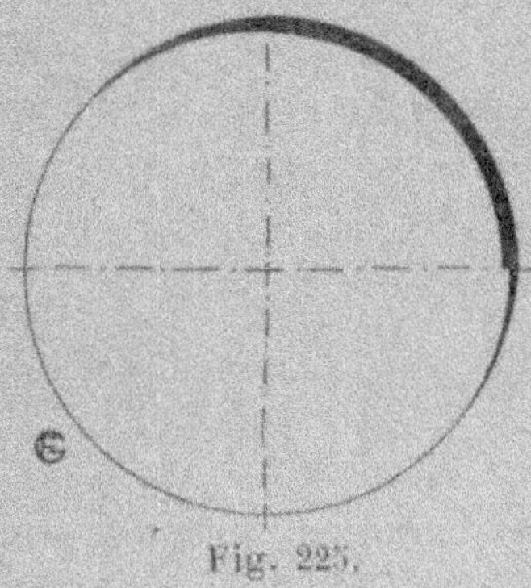

Fig. 225.

On commence par tracer le trait de force sur le quart de cercle opposé à la lumière (fig. 225) ; en principe, les traits de force doivent être à cheval sur la ligne réelle ; pour fondre, on règle l'ouverture du balustre à cette ligne réelle et, partant de l'extérieur du trait fort en utilisant l'élasticité du compas, on réduit progressivement cette flexibilité en agissant avec attention ; il ne faut pas arriver juste sur la tangente lumineuse ; on réserve une légère marge pour rectifier selon besoin ; si l'extérieur est satisfaisant, on termine l'intérieur de la même façon, mais en allant cette fois jusqu'à la tangente.

Ce procédé demande, pour une réussite irréprochable, une connaissance approfondie des instruments en usage, c'est-à-dire qu'il sera bon de faire quelques exercices d'entraînement pour ne pas gâcher complètement un rendu qui en arrive à finition après maintes difficultés.

En faisant quelques exercices s'inspirant d'exemples tels que ceux ci-après (page 155), le placement des traits de force se produit bientôt machinalement :

(Fig. 226 à 228) : hotte de forge, sans épaisseur.

(Fig. 229 à 231) : rainure en queue d'hironde.

(Fig. 232 à 234) : boisseau de robinet à brides.

(Fig. 235, 236) : moulures et bossages.

Cotes. — Les traits de cotes ne se tirent pas toujours en filets ponctués de longueur régulière, car on pourrait en maintes circonstances les confondre tantôt avec des arêtes ou des contours cachés, tantôt avec des tracés auxiliaires ; on les différencie alors soit en allongeant les traits interrompus, soit en les faisant continus, soit enfin en les exécutant à l'encre rouge ; ce dernier système, à notre avis, est le plus logique quoique, sur le calque, il faille adopter l'un des deux autres modes si ce calque doit servir à la reproduction photographique ; sur le bleu d'atelier, en effet, le rouge apparaît identique au noir ; il ne reste donc que les flèches de limite pour montrer à quel genre de ligne on a affaire.

Axes. — Le rendu à l'encre les fait mieux ressortir lorsqu'ils sont tracés à l'encre bleue indélébile ; quant à ce qui concerne le calque, on a l'habitude de les y figurer par des traits mixtes : ponctués, allongés, séparés par des points ronds, un à un, deux à deux, etc.

Emploi de la plume. — La plume fine à dessin sert

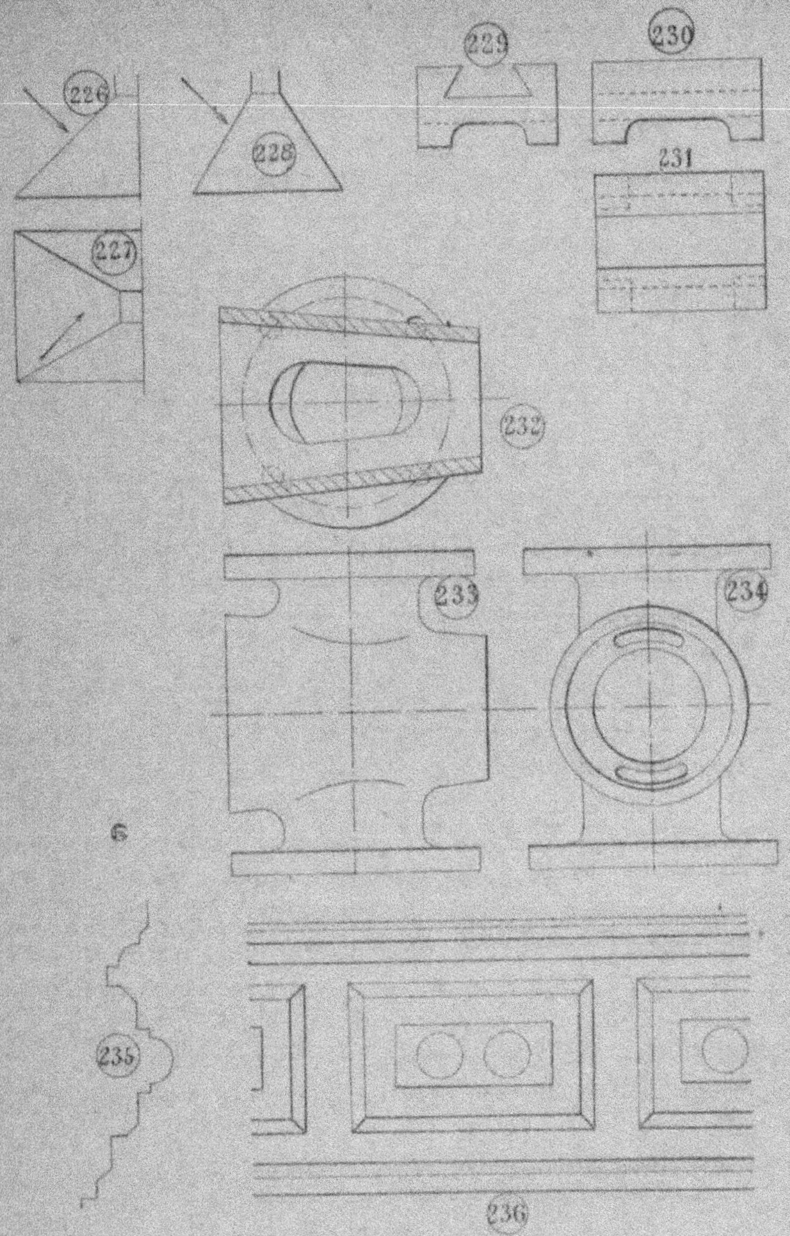

Fig. 226 à 236.

surtout pour les très petits raccords, ainsi que pour certains congés et pour les flèches de cotes ; quand une courbe d'épure ne saurait être assez exactement rendue sans jarrets à l'aide du balustre ou du pistolet, il y a nécessité de l'exécuter finement à la plume ; il en est de même des ornements, des hachures dans les parties extrêmement ténues et de quelques détails sans beaucoup de précision.

Il faut la manœuvrer, de préférence, en plaçant la main vers le centre de la courbure et en tirant le trait à soi, guidé par la trace du crayon obtenue préalablement bien nette, fine et sans zigzags ; on dégrossit entièrement les courbes en traits minces ou même ponctués, puis on accentue ensuite leur importance selon besoins ; toutefois l'emploi de la plume est une opération délicate dans laquelle certaines mains ne peuvent jamais réussir, ce don semblant leur être absolument refusé.

Aussi, en bien des circonstances, les tracés à la plume sont-ils réservés à des spécialistes dans un bureau d'études ; nous aurons un autre exemple de ces exceptions dans le paragraphe suivant.

Chiffres et écritures. — Les chiffres des cotes dûment calculées ou prises sur le croquis s'inscrivent, eu égard à la besogne, avec une plume ordinaire à dessin, ou avec une plume de ronde fine ; celle-ci doit alors ne servir qu'à cet usage et être entretenue propre à l'égal d'une plume à dessin ; on place ces chiffres sur la ligne de cotes et en un point de cette ligne où ils soient nettement apparents, vers le milieu si possible ; ces chiffres ne doivent masquer aucun détail.

Si les cotes sont serrées et nombreuses, il y a avantage à les inscrire alternativement et au mieux de la lecture, de chaque côté d'un axe (fig. 237) par exemple, pour leur procurer un peu plus de hauteur, d'isolement et d'aspect.

On sait que les cotes ne doivent avoir qu'un sens de lecture horizontale et un sens de lecture verticale ; quant aux lignes biaises, on s'évertue à les coter pour qu'elles cor-

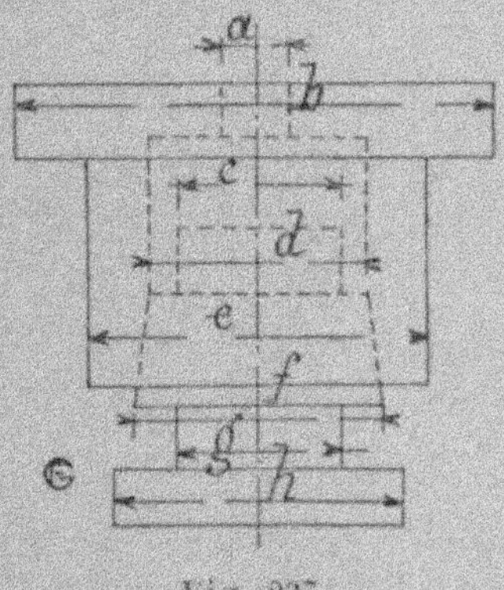

Fig. 237.

respondent à l'angle à droite de la feuille ou avec fort peu d'inclinaison.

Il serait superflu d'indiquer une dimension quelconque pour l'importance relative des chiffres ; elle dépend trop des cas particuliers ; mais on peut conseiller de très bien les former et en caractères nets ; la facilité de lecture n'en fera qu'augmenter.

Les écritures, titres, légendes, nomenclatures, s'exécutent le plus souvent avec des plumes de ronde de divers numéros que l'on doit assortir à l'importance des annotations ; tout genre d'écriture est autorisé, classique ou fantaisie, à condition d'être enlevé avec goût ; dans les ensembles, plus spécialement, il y a lieu de produire un rendu ne laissant rien à désirer sous ce rapport, parce que ces plans sont parfois destinés à des soumissions ou à des offres officielles, et qu'il est alors indispensable de les présenter mieux que correctement.

Dans quelques grandes administrations où les plans doivent être ultérieurement lithographiés (ou multipliés par un procédé analogue), les chiffres et écritures sont traités avec un soin encore plus méticuleux par un écrivain spécialiste, rompu à calligraphier les types officiels et à disposer titres et sous-titres avec art ; les *lettres de référence* sont d'ailleurs réservées aussi à un dessinateur habile dans beaucoup de bureaux de brevets.

Quand les écritures appartiennent à un plan tracé sur papier non transparent, on en limite la hauteur par deux lignes au crayon ; sur calque, on se sert d'encre bleue très légèrement teintée ; on dessine finement ensuite, à la plume à dessin, le corps des lettres aussi soigneusement

Fig. 238.

et régulièrement que possible, en observant surtout de garder la même pente pour toutes ; puis, à l'aide du tire-lignes, on grossit les parties droites à épaisseur et inclinaison uniformes ; on raccorde enfin à la plume les pleins et les déliés (fig. 238) ; les parties fines droites, sur les lignes limites, sont faites au tire-lignes.

Les plans d'atelier ont encore certains de leurs titres, lettres et annotations inscrits au moyen de vignettes, plaques minces en laiton ou en zinc offrant ces titres tout découpés : les vides de la vignette permettent à une brosse pour caractères de les imprimer directement en noir ou en couleurs, cette brosse étant d'abord humectée et frottée sur un pain de noir ou encore sur une boîte à tampon ; afin que les titres et caractères soient placés convenablement et parallèlement, il va de soi qu'on aura pris la précaution préalable de tracer des lignes et des repères pour guider les échancrures des vignettes.

Le lecteur trouvera ci-contre quelques séries d'alphabets, dont il pourra s'inspirer dans la rédaction des titres, lé-

ABCDEFGHIJ

KLMNOPQRST

UVWXYZ

abcdefghijklmnopq

rstuvwxyz

1 2 3 4 5 6 7 8 9 0

gendes et autres, après avoir quadrillé l'emplacement des écritures selon son goût et souvent, plutôt, selon la né-cessité ; toutefois, on ne saurait assez le redire, il ne faut pas s'astreindre à une perfection semblable aux belles écri-tures des livres ou des revues, en édition ; ces gravures exigent un fini auquel il est bien inutile de se consacrer

A B C D E F
G H I J K L M
N O P Q R S T
U V W X Y Z
a b c d e f g h i j k l m n
o p q r s t u v w x y z z
1 2 3 4 5 6 7 8 9 0

dans l'industrie, au risque de longueurs d'exécution trop coûteuses.

Nettoyage et examen final. — Quoique le dessin ait été fait méthodiquement et proprement, puis, en outre, qu'il ait été gommé après la terminaison de l'esquisse générale à l'encre, il n'en faut pas moins le nettoyer à nouveau avec la gomme tendre pour faire disparaître les dernières traces inutiles ou les maculatures éventuelles, mais sans frotter cela s'entend, sur les teintes quand il y en a ; la mie de pain suffit parfois pour rendre au papier son grain primitif ou son velouté.

Ce sera ensuite l'occasion d'une révision générale des traits et des cotes, puisqu'alors on n'est plus préoccupé du travail matériel long et absorbant que nécessite le rendu de plans complexes ; il ne restera, enfin, qu'à couper la feuille si elle a été collée.

A cette occasion, on l'enlèvera grossièrement en glissant le canif sous la feuille pour, d'abord, la détacher de la planche ; on la met ensuite aux dimensions prescrites en opérant sur l'envers de la planchette ou sur une table où l'on puisse appuyer vigoureusement ; on se sert d'une règle en fer ou d'une vieille règle en bois réservée à cet usage.

Il est utile, en effet, que la face de la planchette qui reçoit couramment la feuille de dessin ne soit pas tailladée en tous sens.

CHAPITRE VI

SCHÉMAS — REPRODUCTIONS

Schémas. — Un schéma est le squelette d'un mouvement mécanique, d'une épure cinématique, ou de la disposition

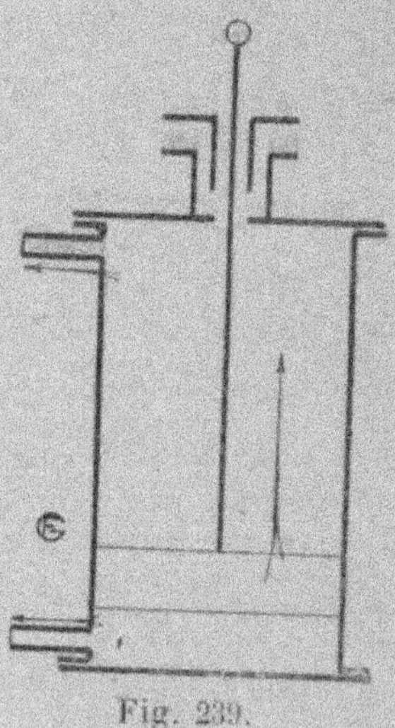

Fig. 239.

d'ensemble d'une installation ; les organes, chemins parcourus, grandes masses de bâtiments ou accessoires, y sont réduits à leur plus simple expression, par des lignes ou des surfaces de dimensions approximatives et sans prétention;

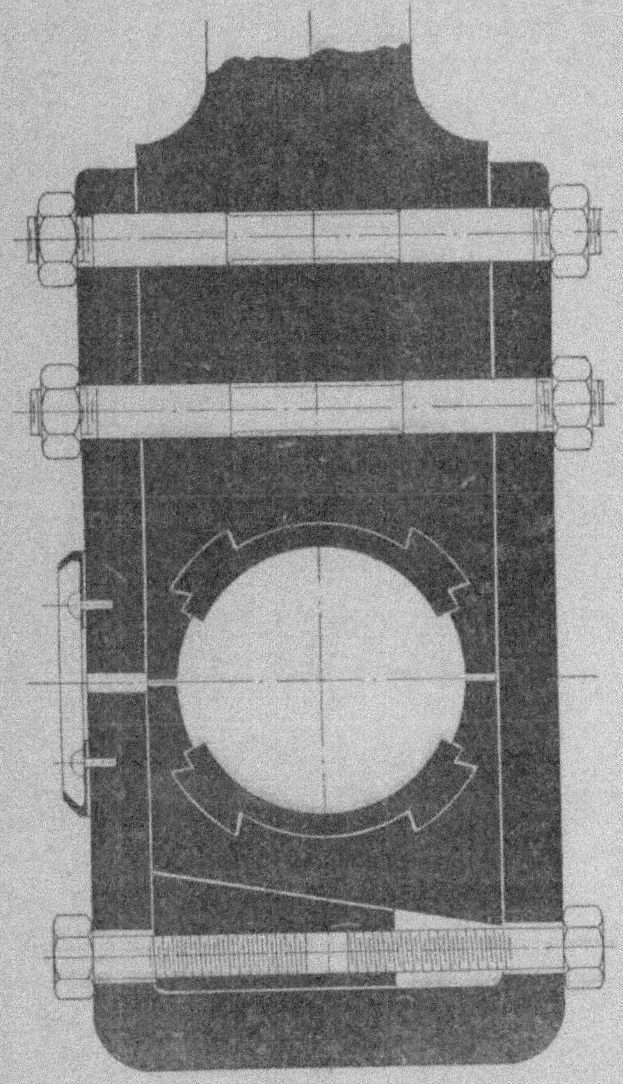

Fig. 240.

les schémas servent surtout pour se rendre compte, sous

forme de croquis hasardés, de la possibilité de réaliser une idée dont la conception doit être mûrie, puis étudiée en détail dans toutes ses conséquences avant d'y donner suite et corps par l'exécution.

En d'autres termes, un schéma précède un avant-projet

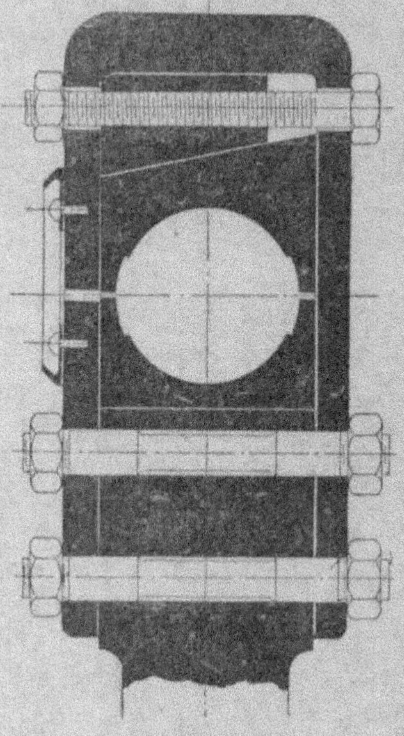

Fig. 241.

et il ne comporte que très peu de calculs préliminaires ; et par contre cependant il est fréquemment utilisé comme complément visuel de calculs ou d'abstractions, dans le mouvement d'un piston dans son cylindre, par exemple (fig. 239), ou à l'appui des descriptions.

Par extension, on donne aussi le nom de schémas à des dessins non cotés, mais mis à l'échelle et où tous les organes sont habillés, destinés à mettre en relief la théorie d'une machine existante ; ordinairement alors les coupes sont figurées à la manière noire et il y a lieu de bien séparer les pièces en contact par des petits filets blancs (fig. 240, 241).

En principe, pour le dessinateur industriel, le schéma est un document de premier jet remis par l'ingénieur et ne comportant que les dimensions principales et les données du problème.

Reproduction des plans par tirage. — Les plans-minutes ne vont à l'atelier qu'exceptionnellement, ils sont conservés et classés au bureau, dont ils forment les archives ; on ne donne aux ouvriers que des reproductions de ces dessins, obtenues le plus fréquemment par tirages sur des papiers préparés ; il n'est pas de bonne pratique de confier des calques pour le travail d'exécution.

Un calque est néanmoins nécessaire, sur papier ou sur toile spéciale, pour cette reproduction ; quand on se sert de la toile, il faut préalablement lui enlever une partie de son luisant en frottant le côté brillant avec du blanc de Meudon ou avec une gomme un peu dure, afin que les tire-lignes mordent mieux.

Les traits au crayon sont peu employés pour ces calques spéciaux, le crayon apparaît flou ; il vaut mieux, au contraire, utiliser une encre bien noire à laquelle on ajoute de la gomme-gutte ; le trait doit avoir une certaine force pour intercepter franchement la lumière ; les teintes sont supprimées ; des hachures seulement sont mises dans les coupes ; si on désire réserver des surfaces blanches sur le bleu général du fond du papier, en vue d'inscriptions ultérieures ou autres motifs, on colle à l'envers du calque des papiers non transparents, découpés selon la surface à protéger de la lumière.

En somme le calque constitue un cliché à l'aide duquel

on produit rapidement et facilement un grand nombre de copies exactement pareilles à l'original; il faut néanmoins tenir compte de ce que l'échelle du dessin est modifiée par l'allongement et le retrait du papier, dûs aux bains et au séchage.

Un autre inconvénient, c'est que les épreuves deviennent cassantes plus ou moins vite, en raison des éléments acides dont le papier est imprégné; comme nous le verrons plus loin il y a toutefois un procédé à sec qui pare à ces défauts : le *procédé graphitique*.

Les papiers préparés chimiquement pour la reproduction par exposition à la lumière, soleil ou électricité, sont de diverses sortes :

Le papier au ferro-prussiate, traits blancs sur fond bleu ;

Le papier cyano-fer, traits bleus foncés sur fond blanc;

Le papier héliographique, traits noirs ou violacés sur fond blanc;

Le papier héliotype, traits noirs ou violacés sur fond blanc;

Le papier sépia, traits blancs sur fond brun plus ou moins foncé.

Le plus en usage est, sans contredit, le ferro-prussiate, d'aspect verdâtre au moment de l'achat; on trouve également ment de la toile à calquer sensible; comme tous les papiers chimiques, sa sensibilité diminue avec le temps, deux à trois mois; au delà, les tirages ne s'obtiennent plus régulièrement, quoiqu'on prenne la précaution de conserver le papier dans un étui cylindrique en zinc, à l'abri de la lumière et de l'humidité.

Un matériel spécial est nécessaire pour le tirage des plans d'atelier, analogue à celui des photographes; il doit être proportionné aux plus grandes dimensions des dessins susceptibles d'intervenir, car qui peut le plus peut...; il se compose (fig. 242) d'un châssis-presse sur pieds-supports à roulettes, formé d'un cadre à feuillures en bois, pivotant sur un axe horizontal pour prendre l'inclinaison convenable ; la feuillure reçoit une forte glace sans aucun défaut

Fig. 242.

maintenue à demeure ; la hauteur du cadre est suffisante pour qu'on y loge, en outre, un feutre ou une feuille de caoutchouc, une planchette à volets avec charnières encastrées, ainsi que des ressorts d'appui fixés à des barres transversales.

Ces dernières sont à charnière d'un seul côté ; leur autre extrémité est fixée sur le cadre par des verrous ou par des abattants quelconques.

Un autre châssis, très pratique et léger, est constitué par un support pliant en X, avec roulettes dans le bas et tringles d'entretoisement ; la partie supérieure de l'un des deux cadres est agencée en fourche et reçoit l'axe de pivotement du châssis photogénique proprement dit ; ce dernier renferme une glace cintrée, que l'on peut recouvrir d'une bâche, cette bâche étant tendue régulièrement à l'aide d'une baguette d'enroulement disposée sur l'un des bords.

L'épaisseur de la glace est suffisante pour supporter cet effort qui, d'ailleurs, est convenablement réparti sur toute la surface.

On applique, sur la convexité du châssis, le calque et le papier impressionnable ; puis on les serre sur le verre ; on retourne ensuite le châssis pour l'exposer par sa partie concave aux rayons solaires ou électriques, en maintenant l'inclinaison voulue au moyen d'une chaîne dont l'un des maillons entre dans un crochet du châssis pivotant.

Si l'on veut se rendre compte de l'action de la lumière sur le papier même, il suffit de détendre un seul des coins de la toile, puis de replacer après contrôle la partie soulevée, sur ses clous d'attache.

Pour le lavage après exposition, le matériel se complète par une ou plusieurs cuvettes en zinc munies ou non d'un robinet de vidange ; parfois ces cuvettes sont en bois et garnies alors de gutta pour les protéger de l'attaque des liquides chimiques ; quelques pinces en bois ou épingles de blanchisseuses sont utiles pour le séchage des feuilles ; les bâtons qu'on trouve au centre des rouleaux de papier calque sont également utilisés pour le maniement des bleus humides.

Une notice pour l'emploi et la conservation des papiers est toujours collée sur leur enveloppe ; on doit évidemment s'y reporter, car il en est de toutes qualités, mais comme la lumière est ici le facteur principal quoique variable, il y a lieu de faire des essais pour vérifier si on peut se fier aux prescriptions de la notice.

Le rouleau est retiré de son étui dans un emplacement peu éclairé ; on en déroule la surface, correspondant seulement au calque, sur une table et le côté impressionnable à l'envers ; on en découpe ensuite plus qu'il n'en faut, 3 centimètres environ en excès tout autour, et on réintègre immédiatement le reste du rouleau dans son étui, que l'on bouche.

Le châssis ayant été préalablement fixé horizontalement, ouvert et débarrassé de tout son contenu, on applique le calque contre la glace ; à ce moment, on voit le calque par son envers; on prend le feutre que l'on ploie vers son milieu; on fait glisser adroitement le petit côté du papier au ferro-prussiate sous le feutre, le blanc en dessus, et en maintenant en place le calque sous-jacent; puis on déroule au fur et à mesure en attirant le feutre jusqu'au bout; en regardant par en dessous, on examine si le calque est convenablement mis par rapport au cadre et au bleu; enfin on étend la planchette à volets et on rabat les traverses, que l'on fixe.

On fait ensuite pivoter le châssis pour que la lumière le frappe le plus droit possible et on fait durer l'exposition selon les indications données par les essais ou en observant les changements de nuances se produisant sur la partie du papier sensible qui déborde le calque.

Aussitôt l'impression obtenue, on ramène le châssis et son attirail dans un endroit moins éclairé; on l'ouvre et on en retire le papier photographique, que l'on baigne sans aucun délai dans les cuvettes à ce destinées ou qu'on lave à grande eau jusqu'à ce que celle-ci soit claire; à l'aide des tringles rondes en bois, on reprend la feuille après lavage, on l'égoutte et on la tend sur des cordes pour la laisser sécher.

On corrige ou on modifie les bleus en enlevant la teinte de fond à l'aide de certaines substances : chlore, liqueurs spéciales, encres de correction que l'on épand sur la partie intéressée, à la plume ou au pinceau; il faut avoir soin d'éponger l'endroit du dépôt, dès que l'action est suffisante, avec un bon papier buvard pour que cette action ne s'étende pas au delà des limites utiles.

Le fond réapparaîtra donc en blanc, sur lequel on rapportera à l'encre noire les transformations projetées ou définitives.

Il suffit souvent d'un *papillon* pour supprimer cette manœuvre.

Les papiers cyano-fer et autres exigent un virage dans des bains spéciaux et, par conséquent, contenus dans des cuvettes *ad hoc*; prussiate jaune de potasse, eau acidulée, hyposulfite de soude, acide gallique, poudres convenables, etc.; nous ne pensons pas utile d'insister sur leur emploi, qui demande d'ailleurs une certaine habitude et est infiniment moins répandu que le bleu vulgaire, largement suffisant pour les ateliers.

Il existe d'ailleurs une qualité de papier impressionnable dénommé bistre, qui sert à obtenir des *négatifs* par un simple lavage à l'eau; ce procédé est fort intéressant, car de ce que le papier est extra-mince et passe au brun foncé sous l'action de la lumière, il s'ensuit que les traits du calque sont reproduits en blanc sur le bistre; par conséquent, en employant ce négatif comme cliché, en remplacement du calque ordinaire, on tirera des *positifs* sur ferro-prussiate, c'est-à-dire en traits bleus sur fond blanc, et par un pur lavage à l'eau. Cette qualité de papier est, enfin, une de celles qui résistent le plus longtemps à la décomposition, à condition d'être conservée à l'abri de l'humidité et de la lumière.

Quand il s'agit d'une production intensive de bleus d'atelier, telle qu'en comportent certaines administrations publiques ou privées, le service spécial à la photographie doit pouvoir répondre aux besoins en tout temps et en toute saison, c'est-à-dire lors même qu'on n'a pas à compter sur le soleil, hiver ou brume; un des premiers perfectionnements a consisté à remplacer la lumière solaire soit par les éclats d'explosions chimiques, soit par la lumière électrique, celle-ci étant seule intéressante en ce qui concerne notre sujet.

Les combinaisons qui ont été le résultat des recherches pour accélérer le travail se traduisent sous deux formes principales; dans l'une, il existe un cylindre en deux parties constitué par deux glaces que l'on fait basculer de l'horizontale à la verticale et que l'on assemble à ce moment ; le calque et le papier sensible sont retenus à l'extérieur par une toile, de la même manière que le châssis précédent en X.

D'autre part, une lampe à arc descend au centre du cylindre à une vitesse plus ou moins lente que l'on peut régler par un mouvement d'horlogerie ; les fils de suspension et les fils électriques sont renvoyés contre un mur ou contre le plafond par de petits galets ; lorsque la lumière a impressionné toute la hauteur du cylindre, on coupe le courant et on fait revenir la lampe en haut, on ramène le cylindre en position horizontale, on sépare les deux parties de l'appareil et il ne reste plus qu'à en retirer les bleus que l'on porte au lavage.

On estime à 30 watt-heure la consommation de courant par mètre carré de papier ferro.

Un des progrès les plus récents en cette matière est marqué par la marche continue des appareils photogéniques, ainsi que dans les dispositifs adoptés pour développer et sécher les bleus de façon automatique ; la réunion de ces agencements entraîne un rendement qui répond à tous les besoins, car elle supprime à peu près toutes les manœuvres.

En principe, le modèle de l'une de ces machines correspond à un demi-cylindre en forte glace contre lequel s'appuient une série de rouleaux en caoutchouc ou une toile sans fin passant sur deux rouleaux horizontaux fixés sur les génératrices extrêmes du demi-cylindre ; une ou plusieurs lampes à arc spéciales éclairent la partie concave de l'appareil ; enfin le courant peut mettre en marche un petit moteur qui commande les rouleaux de cheminement.

Le ou les calques successifs sont posés sur le papier sensible au fur et à mesure qu'il se déroule ; les bords doivent être parallèles et il faut veiller à ne perdre que le moins possible de surface ; comme le courant fait, simultanément, fonctionner les lampes, le papier baigné de lumière passe lentement, à vitesse réglable, et appuyé convenablement contre les glaces ; après exposition, le papier impressionné s'enroule dans une gouttière, tandis que le calque est retiré aisément et peut être repassé à nouveau ; le rouleau terminé est ensuite porté à la machine à développer et à sécher.

Le rouleau impressionné y est placé dans une gouttière de dépôt et on engage son extrémité dans un bassin plein d'eau où une règle en verre force le papier à descendre jusqu'au fond ; ce même bord est ensuite engagé entre deux rouleaux compresseurs caoutchoutés, ayant pour but de tirer le papier par un mouvement donné par un petit moteur, électrique ou autre, et d'enlever l'excès d'eau.

A la suite des rouleaux compresseurs, le papier est repris par une toile sans fin, spéciale, circulant dans une étuve chauffée au gaz, à l'électricité ou à la vapeur ; une fois asséché, ce qui exige environ deux minutes par mètre courant, il s'enroule autour d'un axe récepteur ou, si le dessin est petit, il est repris directement.

D'autres fois, les plans sont séchés dans des armoires *ad hoc* s'ouvrant par côté et chauffées par un moyen quelconque ; les feuilles y sont suspendues sur des baguettes et l'eau en excès retombe dans une cuvette inférieure.

Procédé graphitique (1). — Le principe sur lequel il est basé est le suivant : une couche de gélatine contenant un sel de fer possède la propriété de retenir l'encre grasse partout où un papier ferro-prussiate spécial, appliqué sur

(1) D'après une conférence de M. H. Claude à la Société des Ingénieurs civils.

la surface préparée puis enlevé, n'a pas été impressionné par la lumière.

Les épreuves sont donc obtenues par tirage sur planches gélatinées, c'est-à-dire à sec, d'une manière comparable à ce qui a lieu avec l'autocopiste et sur n'importe quel support ; la simplicité du matériel permet d'appliquer le procédé concurremment avec les papiers photographiques ; il y a en effet économie de temps, d'attirails et de lumière électrique : une seule mise en châssis et un tirage suffisent pour faire dix à vingt-cinq exemplaires.

Le matériel nécessaire ne comporte que des accessoires peu coûteux, se résumant à peu près aux objets suivants :

Une table, dont le plateau à charnières est recouvert d'une feuille de zinc commercial, en pratique 2 m. $\times$ 1 m. pour éviter le coulage de nombreuses plaques ;

Une verseuse et un tamis ;

Un bain-marie pour faire fondre la gélatine ;

Un rouleau encreur, sa palette et de l'encre ;

Quelques récipients pour recevoir le trop-plein de gélatine ;

Un grattoir pour enlever la gélatine après son utilisation.

On fait fondre la préparation gélatineuse au bain-marie, à une température d'environ 55 degrés ; au moment de l'emploi, on la tamise dans une verseuse pour retenir les impuretés qui pourraient s'y être introduites.

Pour former la planche gélatinée, on incline le plateau de 35 à 40 degrés ; on coule la préparation le long de son bord supérieur et le trop-plein retombe dans une gouttière disposée sous le côté opposé ; quand toute la feuille de zinc est bien recouverte, on l'abaisse horizontalement et on attend le refroidissement, qui demande cinq à dix minutes suivant la température ambiante ; l'épaisseur de la gélatine adhérente au zinc doit être d'environ un millimètre et demi.

Pendant ces manipulations, on a tiré une épreuve d'un calque sur un ferro spécial et, sans le laver, on l'applique sur la surface préparée en appuyant légèrement avec la main, pour éviter et chasser les bulles d'air ; on l'enlève ensuite sans le laisser longtemps.

Il est possible, avant cette application, de modifier le dessin autant que de besoin, soit en cachant les parties à supprimer avec du papier gommé, soit en ajoutant un papillon tiré sur ferro que l'on colle à l'endroit convenable.

De toute façon, le dessin apparaît en traits mats sur un fond brillant ; on passe alors simplement un rouleau en gélatine garni d'encre de la couleur désirée et on voit s'accentuer immédiatement les traits ; à ce moment, on peut encore apporter toutes les modifications utiles et enlever les plis, cassures, taches, etc., de l'original avec une éponge fine et de l'eau.

Une fois le cliché bien net, on réencre et on pose une feuille du support choisi (papier fort, papier pelure, papier entoilé, papier ou toile à calquer, calicot, etc.) ; on imprime en appuyant avec la main et, en enlevant le support, on possède une épreuve prête à l'usage, un peu de poudre de talc sèche l'encre.

On encre à nouveau, on imprime, et ainsi de suite ; deux minutes suffisent pour tirer une feuille grand-aigle.

Quant aux tirages en plusieurs couleurs, ils s'obtiennent en préparant autant de calques que de couleurs différentes ; puis on tire les couleurs en les superposant par repérage, comme dans l'Imprimerie.

Il est recommandé d'employer un papier bien collé pour éviter qu'il absorbe l'humidité de la gélatine, ce qui nuirait au nombre d'exemplaires donnés par un même cliché.

Lorsqu'enfin le travail est terminé, on gratte la gélatine que l'on remet fondre pour une autre coulée ; pour éviter les pertes de temps, on coule d'ailleurs sur une table et on travaille sur une autre pendant le refroidissement de la première.

La préparation gélatinée sert jusqu'à épuisement ; la perte est d'environ 5 p. 100 par coulée ; l'encre qui reste sur la gélatine est enlevée soit en retirant vivement le dernier exemplaire, soit en lavant le dessin avec de l'eau, soit en roulant rapidement le rouleau encreur.

Classification des dessins, Archives. — Une nomenclature générale et tenue à jour au fur et à mesure de la remise des plans est indispensable dans une maison bien organisée ; le plus logique, quand le bureau produit beaucoup, est d'entrer les dessins : minutes ou calques, sous des numéros ou combinaisons de numéros et de lettres, se suivant sans intervalle ; le registre mentionnera, entre autres, la date de remise et la destination du plan ; une boîte alphabétique à ce destinée peut rendre service.

Celui-ci est ensuite placé dans des tiroirs ou sur des meubles (fig. 243) dont les dimensions permettent de ne pas

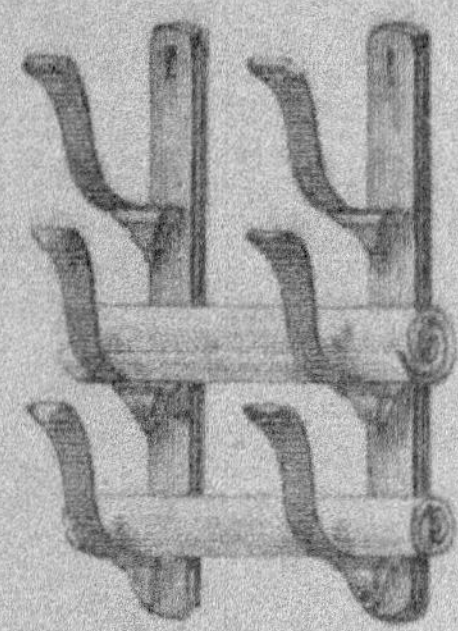

Fig. 243.

plier le papier, surtout les calques ; tous les dessins seront placés à l'abri de la lumière vive et de l'humidité, les bleus plus particulièrement, qu'ils soient tirés comme réserve ou même comme plans originaux.

Quant à la conservation la plus rationnelle des bleus envoyés à l'atelier, on ne saurait rien préciser à cet égard, les industries étant trop nombreuses et d'espèces trop variées pour que ce qui serait efficace dans l'une convienne à une autre au même degré ; si faire se peut, si l'outillage et la disposition des lieux le permettent, il est bon de les entoiler ou de les coller sur du papier fort (ce qui arrive quand les calques vont directement à l'atelier), de les coller ou de les épingler sur des panneaux en bois, de les faire adhérer sur des feuilles de tôle, etc. ; c'est là tout ce qu'on peut insinuer d'une façon générale.

En ce qui concerne la *méthode de classification* à recommander pour éviter des recherches pénibles dans une grande quantité de dessins et d'études, suivis ou non d'exécution, on peut adopter la suivante en y apportant les variantes compatibles avec l'importance des bureaux :

En principe, numéroter sans interruption toutes les pièces créées, ainsi que leurs modifications, et consigner ces numéros sur un registre unique de nomenclature.

De la sorte, il ne saurait y avoir de double emploi et on est susceptible de retrouver, en n'importe quelle circonstance, le dossier complet d'une machine ou d'un organe, à quelque époque antérieure ils aient été conçus et avec les changements successifs qu'ils ont subis.

Le registre sera, par exemple, réglé en colonnes verticales comportant :

Numéro des dessins ;
Date ;
Désignation (ensemble ou détails) ;
Numéro des pièces ;
Nature du métal ;
Numéro des modèles ;
Observations.

Lorsqu'une pièce ou un ensemble auront nécessité plusieurs dessins, on en sera averti parce que le repère de pièce viendra en indice du numéro du dessin ; chaque fois qu'une pièce est modifiée, il est nécessaire de lui donner un autre numéro à la suite sur le registre et, en observation, de noter que ce nouveau chiffre remplace tel autre, précédent.

Il va sans dire qu'il en est de même des modèles, qui ont d'ailleurs généralement leur livre de nomenclature spécial et qui sont souvent communs à plusieurs types de machines.

Ainsi qu'on l'a vu ci-avant, les études définitives sont parfois immédiatement calquées et alors ces calques seuls ont de l'authenticité ; ils portent le numéro du dessin et sont uniquement employés pour la reproduction ; il est bon d'en tirer un *exemplaire-original* qui, réuni à tous ceux ayant trait à la même étude, forme en fin de compte le dossier complet d'une installation, d'un groupe, d'un appareil quelconques.

Toutefois il ne faut pas conserver dans ce dossier les parties modifiées ; après révision, un nouvel original y remplacera le calque ou le bleu primitifs, sur lesquels on mentionnera les changements intervenus et que l'on classera dans les archives de façon analogue ; avoir soin de biffer seulement, sur les bleus et calques, les anciennes indications, numéros ou dates, afin de mieux montrer la succession des transformations que si ces renseignements étaient entièrement enlevés ou détruits.

Il en est ainsi également pour les épreuves obtenues par un négatif au papier-sépia ; en ce cas il est nécessaire de refaire une nouvelle mère après chaque modification.

En somme, ce système de nomenclature assure l'ordre et la clarté ; il a en outre l'avantage de constituer un état inventorial des travaux et d'empêcher les fuites dans une certaine mesure, surtout lorsque les bleus eux-mêmes possèdent leur carnet de sortie et de rentrée.

TABLE DES MATIÈRES

PREMIÈRE PARTIE

LECTURE DES PLANS

DEUXIÈME PARTIE

TRACÉ DES PLANS

RADIGUET & MASSIOT

G. MASSIOT, Succʳ

13 & 15, Boulevard des Filles-du-Calvaire, à PARIS (3ᵉ)

MODÈLES DE MACHINES A VAPEUR

POUR LA DÉMONSTRATION

9 Grandeurs vendues en pièces séparées, brutes ou finies, pour le montage par l'élève ou l'amateur. — *Tarif nᵒ 5 contre 0 fr. 50 en timbres.*

PETITS MOTEURS POUR AÉROPLANES

EN RÉDUCTION, GENRE GNOME A 3 OU A 5 CYLINDRES

marchant à vapeur, air comprimé, acide carbonique.

MOTEUR ROTATIF à essence, 2 cylindres.

NOTICE nᵒ 149 gratis.

LOCOMOTIVE COUPE-VENT au 1/25

Type P.-L.-M.

Vendue en pièces brutes de fonderie avec notice et plans pour assemblages.

La NOTICE seule nᵒ 107 est envoyée contre 0 fr. 75.

ALBUM de 12 planches avec notice contre 12 fr. 50.

TOUCHES EXÉCUTÉES A LA MAIN

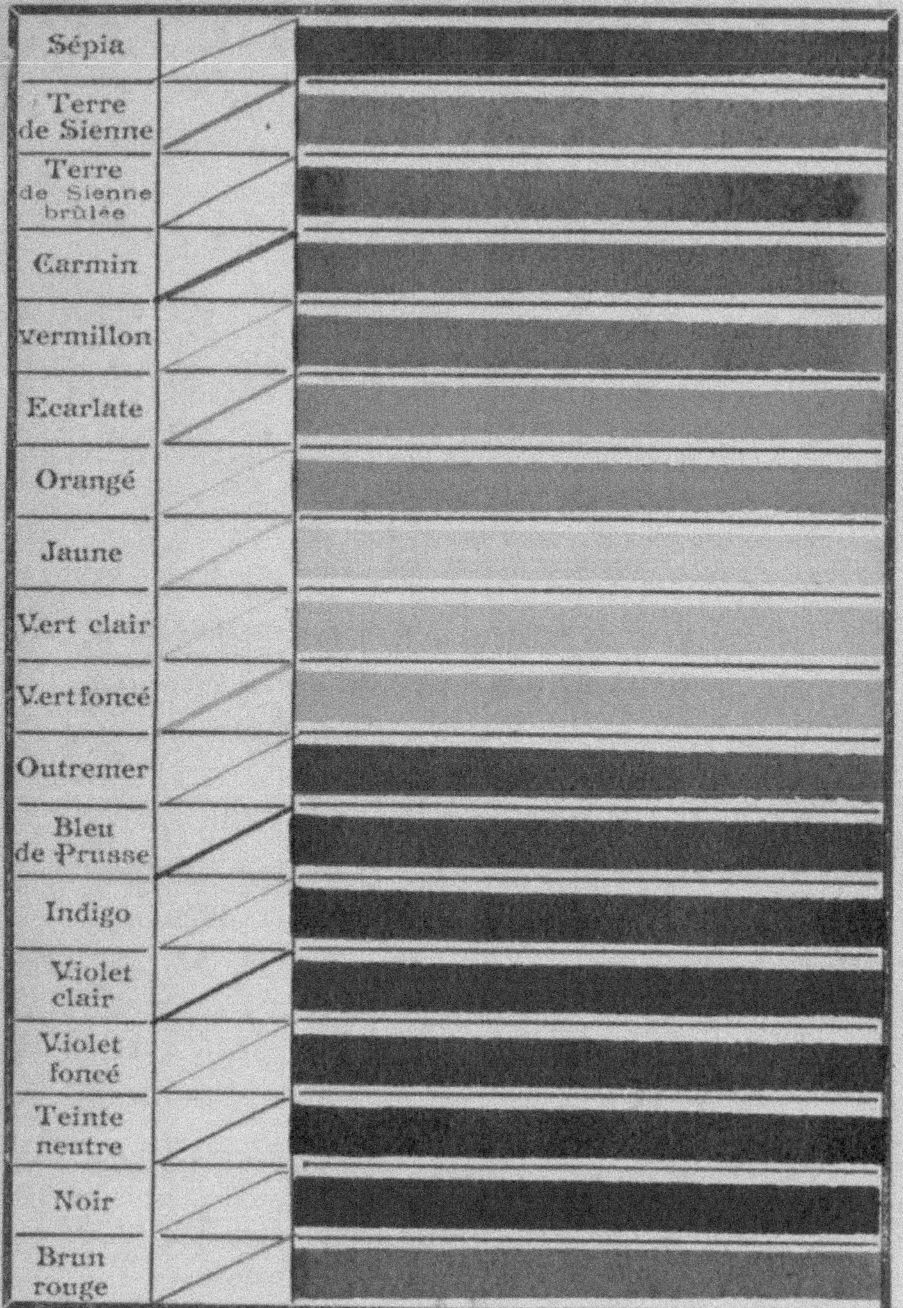
Sépia
Terre de Sienne
Terre de Sienne brûlée
Carmin
Vermillon
Ecarlate
Orangé
Jaune
Vert clair
Vert foncé
Outremer
Bleu de Prusse
Indigo
Violet clair
Violet foncé
Teinte neutre
Noir
Brun rouge

Accumulateurs (Voir ÉLECTRICITÉ, PILES).

Les Accumulateurs électriques. Nouvelle édition, par F. CA-
CHEUX, ingénieur-électricien. — 1 vol. in-16, avec figures dans le texte.
Prix.. **4 fr.**
TABLE DES CHAPITRES. — Description et mode d'emploi des piles secondaires. — Les accumulateurs anciens et nouveaux. — Montage des éléments
et choix du local pour les accumulateurs. — Charge et décharge. — Les
accidents : leurs causes et leurs remèdes. — Résumé.

Acétylène.

**L'Acétylène et ses Applications, l'Incandescence
par le Gaz et le Pétrole,** par F. DOMMER, ingénieur des Arts et
Manufactures, professeur à l'Ecole de physique et de chimie industrielles
de la Ville de Paris ; 1 beau vol. in-16, 220 fig. — Prix........ **4 fr. 50**

Aérostation. — Aéroplanes.

**Catéchisme de l'Aviation à la portée de tout le
monde.** — Les principes de l'aviation. — Historique et classification
des appareils d'aviation. — Le monoplan. — Les biplans. — Les moteurs
d'aéroplanes. — Les propulseurs. — L'aviation par l'hélicoptère et l'or-
nithoptère. — Questions diverses relatives à l'aviation. — Réglementation
de l'aviation, par H. DE GRAFFIGNY, Ingénieur civil ; 1 vol. in-16, cartonné, dos toile, 59 figures, 200 pages. — Prix.................. **2 fr. 50**

Les Aéroplanes. Historique, Calcul et Construction des aéroplanes,
par DE GRAFFIGNY, 1 vol. in-8° avec figures et 4 planches hors texte,
2° édition. — Prix .... **4 fr.**

Manuel pratique de l'Aéronaute. Étoffe. — Couture. — Filet.
— Soupape. — Nacelle. — Lest. — Guide-rope. — Courants. — Observations.
— Descente, etc. — Par W. DE FONVIELLE ; in-16, figures. — Prix **5 fr.**

Machines aériennes d'aluminium (Fusairs et Uranes), par
CONST. FONTANA, in-16 avec figures. — Prix.................. **1 fr. 50**

Aérostation. Construction, description et direction des ballons, par
MIRET, in-8°, 58 pages, 37 figures. — Prix réduit.............. **2 fr. 50**

Agriculture. — Animaux domestiques.

Les Engrais. Engrais chimiques. — Engrais naturels. — Engrais composés. — Formules. — Besoins des plantes. — Analyse des engrais, par
F. LEGRAND, 19 figures. — Prix .... **1 fr. 50**

Le Drainage des terres arables. Drains en bois, en poterie,
etc. — Travaux sur le terrain. — Drainages spéciaux. — Fonctionnement.
Avantages, par A. LARBALÉTRIER. — Prix.................... **1 fr. 50**

Élevage du Bétail. Chevaux. — Bœufs. — Vaches. — Moutons. —
Porcs, etc., par Em. DARBORY, propriétaire-éleveur, 55 fig. — Prix **1 fr. 50**

Nos Légumes et nos Fleurs. Caractères. — Variétés. — Cul-
ture. — Maladies, etc., par E. FAVERI et LARBALÉTRIER, 56 fig. **1 fr. 50**

Machines agricoles et Constructions rurales. Charrues.
— Herses. — Semoirs. — Faucheuses. — Moissonneuses. — Lieuses. —
Batteuses, etc. — Constructions : Écuries. — Bouveries. — Étables, in-16,
par G. MÉNUL, 112 figures. — Prix.................... **1 fr. 50**

Céréales et Fourrages. Culture pratique. — Froment. — Seigle.
— Orge. — Avoine. — Sarrasin. — Trèfle. — Betterave, etc., par A. LAR-
BALÉTRIER, 51 figures. — Prix.................... **1 fr. 50**

Arbres fruitiers et la Vigne. Fumure. — Conduite. — Multi-
plication. — Variétés : Abricotier. — Amandier. — Cerisier, etc. — La
Vigne. — Cépage, Culture, Accidents, Maladies, par P. D'AYGALLIERS,
46 figures. — Prix.................... **3 fr.**

Cidre, Poiré et Boissons économiques. Culture du pom-
mier et du poirier. — Fabrication du cidre et du poiré. — Maladie du
cidre, remèdes. — Eaux-de-vie. — Vinaigre. — Conservation des fruits.
— Vins de Dattes, Figues, Poires, Pommes tapées. — Vins de fruits
frais, Cerises, Prunes, Framboises, Groseilles, etc., 24 figures, par E. RI-
GAUX. — Prix.................... **1 fr. 50**

Volailles, Lapins et Abeilles. Poules, Élevage, Incubation,
Engraissement, Pintades, Dindons, Oies, Canards, Pigeons. — Lapins.
Élevage, Alimentation. — Abeilles. Colonies, Nourriture, Rucher, Essai-
mage, Ruche, Récolte du miel, par E. PARADIS et E. MONTOUX 52 figures,
2e édition. — Prix.................... **1 fr. 50**

La Vaccination charbonneuse, d'après PASTEUR, par CH. CHAM-
BERLAND ; in-8°, 10 figures, cartonné toile anglaise. (1883). — Prix. **5 fr.**

Alcool (Voir DISTILLATION).

Aluminium.

L'Aluminium. Nouveaux procédés de fabrication. —Alliages. — Emplois récents de l'aluminium. — Par Ad. MINET, ingénieur-électricien; 2 volumes in-16, figures dans le texte. — Prix.................... **9 fr.**

> *On vend séparément :*
> 1re PARTIE : Fabrication. — Prix........................... **4 fr. 50**
> 2e PARTIE : Alliages, Emplois. — Prix..................... **4 fr. 50**

Amalgames.

Les Amalgames et leurs applications, par Léon DE MORTILLET, ingénieur des Arts-et-Manufactures; in-8°. — Prix......... **2 fr**

Ammoniaque.

L'Ammoniaque, ses nouveaux Procédés de Fabrication et ses Applications. L'Ammoniaque. — Ses sels ammoniacaux. — Propriétés physiques. — Fabrication. — Travail des Eaux ammoniacales. — Analyse de l'Ammoniaque. — Des sels ammoniacaux. Des Matières premières. — Dosage dans les Eaux. — Applications. — Production et Consommation. — Brevets. — Par P. TRUCHOT, ingénieur-chimiste; in-16, figures. — Prix........................... **6 fr.**

Architecture et Constructions.

Manuel pratique de Constructions rustiques, par P. HASLUCK et L. GRUNY, 1 beau volume in-8, 194 figures dans le texte. — Prix............................. **3 fr.**

Manuel pratique de Construction moderne à l'usage des Architectes et des Ingénieurs-Constructeurs. — Formules usuelles. — Fondations. — Poutres. — Planchers en fer et en bois. — Calcul des Fermes. — Maçonnerie. — Hydraulique. — Électricité. — Chauffage. — Escaliers, etc. — Tables. — Par Ch. SÉE, ingénieur-architecte; 1 beau volume in-16, 760 pages, avec 328 figures, cartonné toile anglaise. (1913). — Prix................. **10 fr.**

Table à l'usage des Constructeurs, donnant, par la connaissance de la corde et de la flèche, le rayon, l'angle au centre, etc. — Par L. SERGENT. in-12 (1882). — Prix...................... 1 fr. 50

Les Cheminées d'usines. Construction. — Réparations, par Victor LEFÈVRE, ingénieur civil; 1 volume in-16 de 48 pages, avec 13 figures dans le texte. — Prix.................... 1 fr. 50

La Tour Eiffel de 300 mètres de l'Exposition Universelle. — Historique et description; par MAX DE NANSOUTY, ingénieur; 1 volume in-16 de 140 pages; nombreuses figures. — Prix.............. 2 fr. 50

Théorie sur la Stabilité des hautes Cheminées en maçonnerie, par GOUILLY (Al.), ingénieur des Arts et Manufactures, répétiteur à l'Ecole centrale, in-8° avec planches, 1876. — Prix 1 fr. 50

Arpentage.

Manuel pratique d'Arpentage et de levé des Plans, par G. DALLET. du Service géographique de l'armée, 1 volume, in-16, 73 figures dans le texte. — Prix............................... 4 fr.

Arts militaires.

Science et Guerre. Télégraphie optique. — Lumière électrique. — Cryptographie. — Poste par pigeon, par MAX DE NANSOUTY (1888), 1 vol. in-16, 190 pages, 57 figures dans le texte, 3 planches hors texte.... 4 fr.

Automobiles. — Motocyclette. — Bicyclette.

Les Omnibus automobiles. Conseils pratiques sur l'organisation des transports en commun par omnibus automobiles, par G. LE GRAND. 1 volume in-8°, 16 figures. — Prix...................... 1 fr. 50

Choix de la ligne. — Choix des véhicules. — Les bandages. — Les mécaniciens et les encaisseurs. — L'exploitation. — Le garage. — Les assurances. — Intervention de l'Etat.

Manuel pratique du Constructeur d'Automobiles à pétrole, par MAURICE FARMAN. — Un beau volume in-16, avec 65 figures dans le texte et un atlas de 20 planches in-4°. — Prix...... 9 fr.

Manuel pratique du Conducteur-Chauffeur d'Automobiles, par Maurice FARMAN. — Théories du moteur. — Organes. — Graissage. — Carburateurs. — Allumage. — Embrayage. — Changement de vitesse. — Freins. — Châssis. — Les pneumatiques. — Conseils prati-

ques. — Les pannes et les moyens d'y remédier. — Un beau volume in-16, de 327 pages et 215 figures, cartonné toile anglaise (1913). — Prix.. **5 fr.**

Manuel du Conducteur d'Automobiles, par Maurice Farman. — In-8°, (1905), 160 figures, 4e édition. — Prix réduit. **2 fr. 50**

Catéchisme de l'Automobile à la portée de tout le monde, par H. de Graffigny, ingénieur civil, 1 volume in-16, cartonné dos toile, 64 figures dans le texte (2e édition). — Prix.................................... **2 fr.**

Table des Chapitres. — Les voitures automobiles en général. — Le moteur. — Le carburateur. — La transmission. — La carrosserie automobile. — Conduite d'une automobile. — Entretien et réparations. — Législation.

Revue de l'Industrie Automobile et Aéronautique et des industries qui s'y rattachent. H. Andre, Ingénieur, Rédacteur en chef. In-folio, mensuel, nombreuses figures dans le texte et 2 planches hors texte.

Prix de l'abonnement annuel, France et Colonies............. **24 fr.**

Etranger .... **30 fr.**

Les abonnements partent du 1er janvier de chaque année.

La Motocyclette et le Tricar. Choix de la machine et des appareils. — Accessoires. — Moteur à quatre temps. — Carburateur à pulvérisation. — Conduite. — Graissage. — Transmission. — Pannes, etc., par A. Coquebet, un beau volume in-8°, avec figures dans le texte et un modèle avec détails en couleurs des organes superposés et démontables de la motocyclette. Nouvelle édition. — Prix........................ **3 fr.**

Construction et réglage des moteurs à explosions. Manuel pratique de construction d'un moteur à explosions. — Calculs généraux. — Recherche des dimensions et de la meilleure forme à donner aux pièces. — Mise au point d'un moteur construit, par Louis Lacoin, 1 vol. grand in-8°, 461 pages, 212 figures. 3e mille. Cartonné toile. **12 fr.**

L'Allumage dans les Moteurs à explosions. Explication détaillée des phénomènes électriques et du fonctionnement. — Appareils électriques d'automobiles. — Piles, accus, bobines, trembleurs, montages divers, etc. — Magnétos à basse et à haute tension, leur description leur entretien, leur réglage, par L. Baudry de Saunier, 1 vol. grand in-8° 480 pages, 294 figures. Broché. — Prix............................. **12 fr.**

L'Automobile théorique et pratique, par L. BAUDRY DE SAUNIER ; 2 volumes in-4°, cartonné toile.

TOME I. — **Le Moteur**. — Moteur à explosion. — Aspiration. — Carburation. — Échappements. — Soupapes. — Distribution. — Allumage. — Régulation. — Graissage. — Réfrigération. — Réglage. — Mise en route. 1 volume in-4° de 470 pages et 280 figures. Nouvelle édition. Cartonné toile. — Prix... **12** fr.

TOME II. — **Le Mécanisme**. — Transmissions. — Chassis. — Ressorts. —Amortisseurs. — Essieux. — Roues. — Direction. — Embrayage. — Différentiel. — Transmission aux roues. — Changement de vitesse. — Freinage. — Principaux véhicules. — Carrosserie. — Accessoires. 1 volume in-4° de 400 pages et 250 figures. Cartonné toile. — Prix............... **12** fr.

Eléments d'Automobile. Notions sommaires sur la question des voitures automobiles, sur leur fonctionnement, sur leur utilité. — Voitures à vapeur, voitures électriques, voitures à pétrole, par L. BAUDRY DE SAUNIER, 1 vol. petit in-8°, 160 pages, nombreuses figures. Cartonné dos toile. — Prix.. **2** fr. **50**

L'Art de bien Conduire une Automobile. Recueil des connaissances, des principes et des tours de main que doit posséder un conducteur pour tirer le meilleur parti possible de sa voiture, par L. BAUDRY DE SAUNIER, 1 vol. in-16, 286 pages, 60 figures. Cart. toile.—Prix   **5** fr.

Les Recettes du Chauffeur. Manuel pratique indiquant les procédés et les tours de main indispensable au conducteur d'une automobile. — Les remèdes aux pannes, etc. — Recueil de notions, procédés et recettes utiles à un conducteur de véhicule mécanique (Voiture, Motocycle, Motocyclette). — Indication des pannes principales et des remèdes à leur apporter, par L. BAUDRY DE SAUNIER, 1 vol. petit in-8°, 638 pages, nombreuses gravures, 25° mille. Cartonné toile. — Prix........... **12** fr.

Bière.

Manuel du Chimiste Brasseur, par E. FONTAINE, Ingénieur-Chimiste, un beau volume in-16, 65 figures dans le texte, cartonné toile anglaise. — Prix... **5** fr.

Manuel pratique de la Fabrication de la Bière, par P. BOULIN, chimiste-industriel ; un gros volume in-16, avec figures dans le texte et une planche (plan d'une grande brasserie). — Préparation du malt. — Brassage. — Le moût. — Houblonnage. — Fermentation. — Levure. — Mise en levain, etc. — Les fûts. — Caves. — Clarification. — Diverses méthodes de brassage. — Analyse. — Falsification, etc.... **9** fr.

Tables du Degré de Fermentation et du rendement en extrait donnés immédiatement sans calcul, por Jean STAUFFER, professeur à l'Ecole de brasserie de Munich. 1 grand volume in-8° de 964 pages. Cartonné toile. — Prix................... **10** fr.

Bois.

L'Industrie chimique des Bois. Leurs dérivés et extraits industriels, par P. Dumesny et J. Noyer, ingénieurs-chimistes, 1 vol. in-8°. Nombreuses figures dans le texte. — Prix, broché............... **12 fr.**
— Cartonné toile anglaise **15 fr.**

1re Partie. — *La distillation du bois* : Généralités. — Propriétés physiques et chimiques. — Principaux procédés de carbonisation du bois.— Industrie de l'acide acétique. — Acétates et alcool méthylique. — Produits secondaires de la distillation des bois et industries utilisant chimiquement le bois. — Partie analytique.

2e Partie. — *Fabrication d'extraits divers* : Extraits de châtaignier. — Matériel et appareillage pour le traitement du bois de châtaignier. — Type d'usine d'extraits. Capital à engager. Calcul du prix de revient. — Importance et nombre d'usines en France, en Corse et en Italie. — Usage et mode d'emploi des extraits en tannerie. — Fabrication de l'extrait de chêne. — Fabrication de l'extrait de quebracho. — Fabrication d'extraits de sumac. — Des matières tannantes diverses. — Fabrication des extraits de campêche. — Analyse des matières tannantes, etc.

Traité de Sylviculture générale. Culture, Aménagement et Gestion des Forêts, par Alexis Frochot, sous-ingénieur des forêts. — 1 volume in-8°, 264 pages, 41 figures. Cartonné toile anglaise. — Prix réduit... **10 fr.**

Instruction pratique sur les Scieries. Contenant : l'étude et les valeurs de la résistance des matériaux à l'action de l'outil ; des considérations théoriques ; des résultats d'expériences et des règles pratiques pour la détermination des proportions et des vitesses des différentes parties des mécanismes, par P. Boileau, 2me édition, 1 vol. in-8°,108 pages, et 4 planches in-folio (1861). — Prix................... **5 fr.**

Tarif métrique pour la réduction des bois en grume et de la charpente de trois en trois centimètres, suivi d'un tarif pour la réduction des sapins, par L. Godart et O. Périnet, marchands de bois, in-18, 12e édition. — Prix broché...................... **4 fr. 50**
Cartonné toile anglaise.................... **6 fr.**

Bougies (Voir Savons).

Théorie et pratique de la Fabrication des Bougies, des Chandelles et Savons de Toilette, par Léon Daoux et V. Larue, ingénieurs-chimistes ; in-8° de 592 pages, 108 fig. dans le texte et un atlas de 19 planches in-4°, cartonné toile anglaise. (1887).. **20 fr.**

Boulangerie et Meunerie.

Manuel du Boulanger et du Pâtissier-Boulanger. Boulangerie et Pâtisserie-Boulangère françaises et étrangères, par L. Favrais, boulanger-pâtissier à Paris, fondateur de l'Ecole professionnelle

de la boulangerie, 1 beau volume in-8° avec 124 figures dans le texte, 2 planches en noir et 17 planches en couleurs. — Prix.......... **12 fr.**
Le même ouvrage sans les planches en couleurs................ **6 fr.**

Guide pratique de la Meunerie et de la Boulangerie, par Pierre MARMAY, ancien meunier, 1 volume in-8° de 144 pages avec atlas de 9 planches in-4° gravées sur acier, 1863. — Prix réduit... **5 fr.**

Bridge.

Manuel pratique et scientifique du Jeu de Bridge, par E. RÉVEILLAUD. 1 volume in-16. Cartonné toile anglaise..... **4 fr.**

Briques et Tuiles.

Nouveau Manuel du Briquetier : Briques, Tuiles Carreaux, par Émile LEJEUNE et BONNEVILLE, revu et augmenté par H. DE GRAFFIGNY; in-16, nombreuses figures. — Cartonné toile anglaise Prix................. **10 fr.**

La Pierre artificielle. — Fabrication des briques et matériaux de construction en grès silico-calcaire, par Ernest STOFFLER, ingénieur civil, 120 pages, 100 figures dans le texte. — Prix.............. **4 fr. 50**
Préparation des matières premières. — Chaux. — Sable. — Broyage.— Mélange. — Moulage. — Durcissement. — Moteurs. — Appareils. — Installation des usines. — Prix de revient. — Essai des produits.

Caoutchouc.

Les Courroies en Caoutchouc. Calcul et emploi, par R. BONET, ingénieur, in-16, 1897. — Prix..................... **1 fr.**

Au Pays du Caoutchouc, par Eugène ACKERMANN, ingénieur civil des Mines, 1 volume in-12 de 61 pages avec 3 phototypies. — Prix **1 fr. 50**

Carrosserie.

La Carrosserie. Poids des voitures, roues, essieux, ressorts, suspension de voitures, avant-trains, caisses, voitures diverses, appareils enregistreurs de la vitesse, du tirage et de la douceur de suspension, par G. ANTHONI, in-8°, 64 pages, 41 figures et 1 planche, 1878. — Prix. **3 fr.**

Chaleur. (Voir PHYSIQUE).

Chauffeurs (Voir AUTOMOBILES, MÉCANIQUE et MACHINES)

Catéchisme des Chauffeurs et des Machinistes, traitant de la législation, de la combustion, de l'entretien, de la conduite des machines, mise en marche, description des organes, arrêt, machines spéciales, chaudières, foyers, appareils de sûreté, etc., 8° édition, revue et augmentée d'un appendice, in-16, figures dans le texte. Cartonné dos toile. — Prix..................... **2 fr.**

Chaux et Plâtres (Voir Briques et Tuiles).

Manuel du Chaufournier et du Plâtrier, du fabricant de
bétons et mortiers hydrauliques, par Emile Lejeune, ingénieur. Nouvelle édition, revue par H. de Graffigny. 1 beau volume in-16 de 280 pages et 57 figures dans le texte. Cartonné toile anglaise..... **7 fr. 50**

Chemins de fer (Voir Tramways).

Manuel pratique des Chemins de fer, par MM. Bellet et
Darvillé, 3 beaux volumes in-16, nombreuses figures dans le texte. Cartonnés toile anglaise
(Sous presse).

    1er Partie : Concession. — Exploitation.
    2e Partie : Construction. — Voie.
    3e Partie : Matériel roulant.

Calcul des Voies. Partie théorique et Formules, par J. Maridet,
chef de section P.-L.-M., in-8°, 1876. — Prix réduit............ **2 fr. 50**

Le Chemin de fer glissant de Girard et Barre, par
M. Max de Nansouty, ingénieur des Arts et Manufactures (1890), 1 vol. in-12, 39 pages, 12 figures dans le texte. — Prix .... **1 fr 50**

Chimie pure et appliquée.

Dictionnaire de Chimie industrielle, contenant toutes les
applications de la Chimie à l'Industrie, à la Pharmacie, à la Métallurgie à l'Agriculture, à la Pyrotechnie et aux Arts et Métiers, avec la traduction russe, anglaise, allemande, espagnole et italienne des principaux termes techniques, par M. A.-M. Villon, ingénieur-chimiste, professeur de technologie chimique, et par M. P. Guichard, Président de la Société de Pharmacie, Membre de la Société chimique de Paris ; 3 beaux vol. in-4°, 2.300 pages, 1.200 figures. — Prix : broché...................... **75 fr.**
relié en 2 vol. demi-chagrin. **80 fr.**
On vend séparément : Le tome Ier, **30 fr** ; le tome II, **25 fr** ; le tome III, **25 fr.**
Un prospectus spécial est envoyé sur demande.

Revue de Chimie industrielle. Revue des produits chimiques,
couleurs, teinture, métallurgie, distillerie, pyrotechnie, engrais, comestibles, analyses industrielles, électrochimie, réunis avec *la Revue de Physique et de Chimie et de leurs applications industrielles*, fondée par MM. Schutzenberger et Lauth. — Les années 1890 à 1912 forment 23 beaux volumes in-4°. — Prix de chaque volume.................. **15 fr.**
La collection complète, 23 volumes reliés demi-chagrin vert **345 fr.**
    Prix des abonnements (du 1er janvier de chaque année) :
      France et Colonies...................... **12 fr.**
      Etranger.... .... **15 fr.**
Spécimen gratuit à toute personne qui en fait la demande.

Formulaire général des Réactions et Réactifs chimiques et microscopiques, comprenant les réactions et réactifs

usités en analyse. Papiers réactifs et indicateurs. Procédés microscopiques de coloration simple, double ou triple des coupes ou préparations. Formules de solutions microbiologiques fixantes, clarifiantes, antiseptiques, décalcifiantes, désagrégeantes, etc. Formules de masses d'injection, d'inclusion, de montage, de ciments pour préparations, etc., par Raoul Roche; un beau vol. in-8°. Cartonné toile anglaise. — Prix....... 9 fr.

Dictionnaire des Analyses chimiques. Répertoire alphabétique des analyses de tous les corps naturels et artificiels, depuis l'origine de la chimie jusqu'à nos jours, second tirage augmenté de 400 analyses nouvelles, par Violette et J. Archambault, 2 gros volumes in-8°, à deux colonnes. Cartonné toile anglaise, 1860. — Prix réduit..... 8 fr.

Nouvelles Manipulations chimiques simplifiées, ou *Laboratoire économique de l'étudiant*, contenant la description d'appareils simples et nouveaux, suivi d'un cours de chimie pratique, à l'aide des instruments, 3e édition, par Henri Violette, 1 volume in-8°, 476 pages, avec 30 tableaux et 227 figures dans le texte, 1860. — Prix réduit.. 5 fr.

Principes de Chimie, par Dimitri Mendéléeff, professeur à l'Université de Saint-Pétersbourg (édition française), par MM. Achkinasi et Carrion, avec préface par M. le professeur Armand Gautier, 2 volumes in-16, cartonnés toile anglaise.

Tome i. — L'étude de la chimie. — L'eau et ses combinaisons. — Composition de l'eau et hydrogène. — L'oxygène. — Ozone et peroxyde d'hydrogène. — Loi de Dalton. — Azote et air atmosphérique. — Composés hydrogénés de l'azote. — Molécules et atomes. — 1 volume in-16, nombreuses figures, 585 pages. — Prix............................... 7 fr. 50

Tome ii. — Carbonate et hydrocarbures. — Chlorure de sodium. — Les Halogènes : chlore, brome, iode, fluor. — Potassium, rubidium, cesium, lithium. — Capacité calorique des métaux. — Similitude des éléments et Loi périodique. 1 vol. in-16, figures dans le texte, 499 pages 7 fr. 50

Chocolat.

Manuel pratique du Chocolatier. Le Cacaoyer et sa culture. — Examen et choix du cacao. — Aromates. — Fabrication du chocolat. — Mélange. — Broyage et finissage. — Installation d'une chocolaterie moderne. — Différentes sortes de chocolat. — Moulage et empaquetage. — Falsification. — Par L. de Belfort de La Roque; in-16, nombreuses figures. — Prix..................................... 4 fr. 50

Combustibles (Voir Houille et Tourbe).

Étude sur les Combustibles en général et sur leur emploi au chauffage par les gaz. — Historique. — Études des combustibles et des gaz qu'ils fournissent. — Anthracites et houilles. — Lignites. — Tourbe. — Bois. — Goudrons et huiles minérales. — Epuration des gaz et combustion. — Lavage et épuration des gaz. — Emploi des combustibles solides. — Production de la vapeur. — Dégénération et récupération. — Gazogènes en général. — Description des appareils. — Par M. Lencauchez,

ingénieur civil; 1 volume, grand in-8°, 344 pages, 55 figures dans le texte
et un atlas de 31 pl. in-folio. (1878). — Prix..................... **16 fr.**

Fours à gaz et à chaleur régénérée, de M. Siemens, par
F. Kranz, ingénieur des Mines, professeur de métallurgie à l'Université
de Louvain, in-8°, 6 planches (publié à 10 fr). — Prix réduit...... **5 fr.**

Conserves.

Manuel des Conserves alimentaires. Fruits, Légumes,
Poissons, Gibier et animaux de boucherie, in-16, nombreuses figures, par
R. de Noter. 2ᵉ édition. — Prix.................................. **3 fr.**

Corne.

Manuel pratique du Travail Artistique de la Corne,
par Joseph Pégat, professeur. — Un volume in-8,° avec 37 figures dans
le texte. — Prix.................................. **2 fr.**

Corps gras.

Les Corps gras. Huiles végétales, non-siccatives, siccatives. — Huiles
animales. — Graisses végétales. — Graisses animales. — Suifs. — Cires.
Matières grasses minérales. — Lubrifiants, etc. — Par A.-M. Willon, ingénieur-chimiste, in-16, figures dans le texte. (2ᵉ tirage) — Prix.. **6 fr.**

Couleurs (Voir Teinture et Vernis).

Nouveau Manuel du Fabricant de Couleurs. Couleurs
industrielles, Couleurs fines, Emploi des couleurs. — Gouache. — Pas-
tel, etc., par M. Coffignier, ingénieur-chimiste, Directeur de l'Usine des
Couleurs de la Société des Matières colorantes, 1 beau volume in-8°, avec
figures. — Prix : broché.................................. **10 fr.**
cartonné toile anglaise.................... **12 fr.**

Manuel pratique de la Fabrication des Couleurs.
Matières premières employées dans la préparation des couleurs, essences,
et vernis, par MM. R. Lemoine et Ch. du Manoir; 1 beau volume in-8°,
360 pages. — Prix.................................. **6 fr.**

**Notions générales sur les Matières colorantes orga-
niques artificielles**, par Jules Mamy; 1 volume in-16, 72 pages.
— Prix.................................. **1 fr. 50**

Diamant.

Fabrication synthétique du Diamant, par H. de Boismenu.
Un beau vol. in-8° avec reproductions de grav. dans le texte (1913) **5 fr.**

Manuel pratique de l'installation de la Lumière électrique, par J.-P. Anney, ingénieur-électricien.

1re Partie. — Installations privées. — Troisième édition. — 1 beau vol. in-16 de 344 pages, avec 135 figures dans le texte. — Prix.......... **5 fr.**

2e Partie. — Stations centrales. — 1 beau volume in-16, avec 99 fig. dans le texte et 10 planches, dont 8 en couleurs. — Prix.......... **7 fr.**

Manuel de l'Apprenti et de l'Amateur électricien.

Cinq volumes in-16, cartonnés dos toile, avec de nombreuses figures dans le texte, par MM. Marie Zéda et de Graffigny.

1re Partie. — **Principes d'électricité. Machines électriques :** Historique. — Courant. Électrochimie. — Magnétisme. — Electromagnétisme. — Capacité. — Unités de mesure. — Machines magnéto et dynamo électriques. — Courants alternatifs, etc., 2e édition, par R. Marie; in-16, fig. 1 à 104. — Prix........................ **2 fr.**

2e Partie. — **Sonneries électriques, Paratonnerres :** Sonneries, Mécanisme. — Les piles. — Installation des sonneries simples, tableaux indicateurs. — Lignes aériennes. — Paratonnerres, etc., 2e édition, par H. Zéda; in-16, figures 105 à 203. — Prix........................ **2 fr.**

3e Partie. — **Téléphonie pratique :** Historique du téléphone. — Matériel et appareillage pour les lignes téléphoniques. — Les téléphones domestiques. — La téléphonie à grande distance. — Installation des réseaux téléphoniques. — Les bureaux téléphoniques centraux. — Défauts et réparations, etc., 2e édition, par H. Zéda. In-16, figures 204 à 285. — Prix. **2 fr.**

4e Partie. — **Tramways et Chemins de fer électriques :** généralités sur la traction électrique. — Traction par prise de courant électrique. — Système moteur. — Traction par accumulateur. — Traction par système générato-moteur. — Chemins de fer à traction électrique. — Traction par unités multiples. — Métropolitain de Paris. — Traction par courants alternatifs. — Traction électrique sur routes. — Chemin de fer électrique suspendu, par R. Marie. In-16, fig. 286 à 317. — Prix..... **2 fr.**

5e Partie. — **Éclairage électrique dans les appartements :** De l'éclairage électrique en général. — Production et mesure de l'électricité. — L'éclairage électrique par les piles. — Installations de lumière sur secteurs. — Les lampes électriques portatives. — Eclairage électrique domestique par les machines. — Installations d'éclairage particulier, etc., par H. de Graffigny. In-16, figures 318 à 386, 2e édition. — Prix................ **2 fr.**

Les Lampes électriques. Régulateurs. — Incandescence. — Par

P. d'Urbanitzki. — Deuxième édition française, revue et augmentée, par Georges Fournier, ingénieur-électricien. — Un beau volume in-16 de 250 pages avec 126 figures dans le texte. — Prix.............. **4 fr. 50**

L'Électricité dans la Maison moderne, par Ernest Coustet,

ingénieur-électricien. — Production du courant. — Eclairage. — Chauffage. — Moteurs domestiques. — Assainissement. — Sonneries. — Horloges. — Téléphone. — Paratonnerres. — 1 fort volume in-16, avec 185 figures. Cartonné dos toile. — Prix...................... **4 fr. 50**

Les Compteurs d'Électricité, par Ernest Coustet. 1 beau vol.

in-16 avec 56 figures dans le texte — Prix.................... **2 fr. 50**

Câbles d'Éclairage électrique et Distribution de l'Électricité, par Stuart A. Russel. — Traduit avec l'autorisation de l'auteur par G. Formentin. — 1 fort volume in-16, avec 108 figures dans le texte. Cartonné toile anglaise — Prix................................ **6 fr.**

Aide-Mémoire de l'Ingénieur-Électricien. Recueil de tables, formules et renseignements pratiques à l'usage des électriciens, par G. Duché, B. Marinovitch, E. Meylan et G. Szarvady. — Sixième tirage, augmenté par P. Juppont, ingénieur des arts et manufactures. — 1 beau volume in-16, nombreuses figures intercalées dans le texte, cartonné toile anglaise. — Prix................................ **6 fr.**

Terminologie électrique. Vocabulaire français, anglais, allemand, des termes employés en électricité, par G. Fournier, ingénieur-électricien (1887), 1 vol. in-12, 40 pages. — Prix................................ **1 fr.**

Les Applications de l'Électricité, par Th. du Moncel, ingénieur-électricien (1885), 4 vol. in-8°, nombreuses figures dans le texte. Cartonné. 1re et 2e parties : Technologie électrique ; 4e partie : Applications mécaniques de l'électricité ; 5e partie : Applications industrielles de l'électricité. Les 4 volumes (publiés à 50 fr.) Prix réduit........ **16 fr.**

Manuel de Construction et d'emploi des Machines et Appareils électriques, par A. Luzy, professeur à Lille, 1 volume in-8°, figures dans le texte. — Prix................................ **6 fr.**

Electrolyse (Voir Galvanoplastie).

L'Électrolyse et l'Électro-Métallurgie, par Edouard Japing, ingénieur-électricien, — 3e édition française, augmentée d'un appendice sur l'électro-métallurgie à l'exposition de 1900, par L. Guillet, ingénieur-chimiste, 1 volume in-16 illustré de nombreuses figures dans le texte. — Prix................................ **4 fr.**

Encres et Cirages.

Fabrication des Encres et Cirages. *Encres à écrire, à copier, métalliques, à dessiner, lithographiques. — Cirages, vernis et dégras. —* Encres à écrire. — Matières premières. — Constitution chimique. — Fabrication des encres à l'acide tannique. — Encres à l'acide gallique. — Encres au campêche. — Encres au sesquioxyde de fer. — Encres à l'alizarine. — Encres de matières extractives. — Encres à copier. — Encres hectographiques. — Encres de sûreté. — Extraits d'encres et encres en poudre. — Conservation de l'encre. — Encres de couleur. — Encre métallique. — Encres solides. — Encres et crayons lithographiques. — Crayons autographiques. — Crayons d'encre. — Crayons de couleur. — Encre à marquer. — Encres spéciales. — Encres sympathiques. — Encres

jour timbres et tampons. — Bleu d'azurage du linge. — Fabrication du cirage pour chaussures, des vernis, et de la graisse pour le cuir. — Fabrication du noir d'os. — Fabrication du dégras. — Deuxième Édition française, par DÉSMAREST, d'après LEHNER et BRUNNER. — 1 vol. in-16 de 345 pages. — Prix.. **5 fr.**

Ferblantier.

Manuel théorique et pratique du Ferblantier, par ORTLIEB, professeur de dessin industriel, contre-maître d'usine, in-8° 297 figures dans le texte. — Prix.................................. **6 fr.**

Galvanoplastie, Dorure, Argenture. (Voir ELECTROLYSE).

Manuel pratique de Dorure-Argenture, Nickelage et Coloration des métaux, par J. GHERSI et P. CONTER. Édition française par A. GAYET, ancien Professeur de l'Université. — Cuves. — Moulages. — Métallisation des substances non conductrices. — Polissage des métaux. — Dorure. — Argenture galvanique. — Nickelage. — Cuivrage. — Platinage. — Le Fer. — Etamage. — Aluminage. — Plombage, — Zingage. — Antimonage et autres métaux. — Alliages. — Coloration des métaux. — Produits employés en galvanoplastie, etc. — Un beau volume in-8 de 255 pages et figures. — Prix.................... **4 fr 50**

Manuel de Galvanoplastie. Dorure, argenture, cuivrage, nickelage, étamage, par Georges BRUNEL; 1 volume in-16, avec 28 figures dans le texte. — Prix... **4 fr.**

La Galvanoplastie. Histoire et procédés. — Dorure. — Argenture. — Nickelage. — Photogravure sur zinc et cuivre à la portée des amateurs, par Paul LAURENCIN. — 1 vol. in-16, 5e édition, cartonné dos toile **3 fr.**

Géodésie (Voir MINES).

Manuel pratique de Géodésie, par G. DALLET, du Service géographique de l'Armée; in-16, fig. dans le texte. — Prix............ **4 fr.**

Géologie (Voir MINES).

Goudrons.

Étude sur les Goudrons et leurs nombreux dérivés, par KNAB, ingénieur-chimiste, grand in-8° de 102 pages avec 8 figures (1884). — Prix.. **3 fr.**

Horlogerie.

L'Horlogerie électrique, par A. TOBLER, professeur à l'École Polytechnique de Zurich, 2e édition française revue et augmentée, par L. DE BELFORT DE LA ROQUE, ingénieur civil, 1 vol. in-16, avec 65 figures dans le texte. — Prix.. **3 fr.**

Hydraulique, Turbines.

Les Fontaines lumineuses à l'Exposition de 1889,
par Delannoy, ingénieur, in-8°, 1889, nombreuses figures. — Prix   0fr. 75

Construction des Turbines et des Pompes centrifuges,
par Lucien Vallet, ingénieur constructeur. — 1 volume in-8° et atlas de 15 planches (1875). — Prix.................................... 15 fr.

Ingénieur.

Carnet de l'Ingénieur.
Recueil de tables, de formules et de renseignements usuels et pratiques sur l'industrie, chimie, physique, mécanique, machines à vapeur, hydraulique, résistance, frottements, etc., à l'usage des ingénieurs, des constructeurs, des architectes, des chefs d'usines, des mécaniciens, des directeurs et conducteurs de travaux, des agents-voyers, des manufacturiers et des industriels; par une réunion d'ingénieurs et de savants français et étrangers (Carnet Lacroix); 1 vol. in-16, cartonné dos toile, format de poche, 400 pages petit texte compact, avec nombreuses figures, etc. — 53ᵉ tirage. — Prix.   4 fr. 50

Lait, Lactose.

Industries du Lactose et de la Caséine végétale du Sojà.
— Industrie du Lactose. — Généralités sur la chimie du lactose. — Généralités sur les traitements industriels du lait. — Fabrication industrielle du lactose. — Installation d'une usine de lactose. — Le lait végétal, la caséine végétale et les produits retirés des graines de Soja. — Le lait végétal. — Le fromage végétal. — La Caséine végétale industrielle. — Installation d'une usine pour le traitement intégral des graines de Soja, etc, par Francis J. G. Beltzer, Ingénieur-chimiste. Un volume in-8 de 145 pages et 34 figures. — Prix.............. 5 fr.

Laiterie, Beurre et Fabrication des Fromages.
Lait. — Analyse. — Conservation. — Écrémage. — Barratage. — Beurre. — Conservations. — Fromages mous, frais, affinés, cuits, etc., 2ᵉ édition, par E. Rigaux, professeur à l'École d'Agriculture de Mende, 320 pages, 73 figures. — Prix.................................... 3 fr.

Mécanique et Machines.

Manuel pratique de Laminage du Fer.
Principe du laminage. — Influence du diamètre des cylindres. — Influence de la vitesse. — Influence de la nature, de l'état calorique et de la manière dont on présente le fer aux cylindres. — Application des principes du laminage. — Classement des trains de laminoirs. — Règle du tracé des cannelures. — Classification des trains de laminoirs. — Trains de puddlage. — Gros train n° 1. — Gros train n° 2. — Train cadet. — Train à guides. — Train mixte. — Train machine. — Généralités sur les cylindres. — Classifica-

Manuel du Mécanicien de la Marine, par J. Galopin, Directeur de l'Ecole des Mécaniciens de la Marine marchande, 4 beaux volumes in-16, nombreuses figures dans le texte. Cartonné toile anglaise.

(Sous presse).

> 1re PARTIE. — Chaudières marines.
> 2e PARTIE. — Conduite et entretien des chaudières.
> 3e PARTIE. — Machines marines.
> 4e PARTIE. — Conduite et entretien des machines.

Mines. — Minéralogie. — Marbre.

Manuel pratique du Prospecteur. — Guide du Prospecteur et du voyageur pour la recherche des métaux et des minéraux précieux, par J.-W. Anderson. — 2e édition française, d'après la huitième édition anglaise, par J. Rosset, ingénieur civil des Mines. — In-16, 73 figures dans le texte. Cartonné toile anglaise. — Prix. .... 5 fr.

Manuel pratique de l'Exploitation des Mines.
Vocabulaire Anglais, Français, Espagnol, des termes usités dans l'industrie minière. — Législation des mines. — Travaux de recherches. — Prospection. — Différentes sortes de sondage. — Fonçage des puits. — Méthodes d'exploitation. — Ventilation. — Aérage. — Cloisonnement. — Abattage. — Explosifs. — Lampes de sûreté. — Perforatrices mécaniques. — Abattage mécanique. — Soutènement. — Bois de mines. — Roulage. — Traînage. — Câbles transporteurs aériens. — Extraction. — Machines d'extraction. — Epuisement. — Machines d'hexhawe. — Traitement du minerai. — Préparation mécanique des minerais. — Lavage des charbons. — Fours à coke. — Prescriptions de sécurité. — Outils

de mineurs, etc., par D. Lupton et P. Bellet, ingénieurs des mines. 1 beau vol. in-16 de 569 p., 512 fig. Cart. toile angl. — Prix...... 10 fr.

Cours de Minéralogie professé à l'École Centrale,
par de Selle, professeur à l'École Centrale. — Minéralogie; phénomènes actuels; description de toutes les espèces et variétés minérales considérées comme indiscutables et classées par familles; 1 fort volume de 585 pages in-8e et 1 atlas de 147 planches comprenant 978 figures et 27 tableaux. (Publié à 25 fr.) — Prix réduit .... 7 fr. 50

Étude pratique sur l'Industrie des Marbres en France, par Tournier, in-8e broché, 60 pages. (1869)......... 3 fr.

Photographie.

Manuel de Photographie en Couleurs sur plaques à filtres colorés, par Ed. Coustet, in-8°. — Prix.......... 2 fr. 50

Encyclopédie de l'Amateur - Photographe, par MM. G. Brunel, P. Chaux, E. Forestier et A. Reyner. 10 volumes in-16, près de 500 figures dans le texte. — Prix réduit (les 10 volumes). 10 fr.

Matériel et laboratoire, Brunel et Forestier, 1 fr. — Le sujet; temps de pose, Brunel, 1 fr. — Clichés négatifs, Brunel et Forestier, 1 fr. — Épreuves positives, Brunel, 1 fr. — Insuccès et retouche, Brunel. 1 fr. — Photographie en plein air, Brunel et Chaux, 1 fr. — Portrait dans les appartements, Reyner. 2 fr. — Agrandissements et projections, Brunel, 1 fr. — Objectifs et Stéréoscopie, Brunel, 1 fr. — Photographie en couleurs, Brunel, 1 fr.

Le Portrait dans les appartements. — Disposition et éclairage. — Les objectifs. — La mise au point. — Les écrans. — La pose et le maintien du modèle. — Différents procédés. — Conduite des opérations, par A. Reyner. — Un beau vol. in-16, 35 figures. 3ᵉ édition, revue et augmentée. — — Prix................................. 2 fr.

Physique.

Température et Énergie. Essai sur une équation de dimensions de la température, ses conséquences thermiques, ses corrélations avec les autres formes de l'énergie, par P. Juppont. 1 volume in-16, 97 pages, 1899. — Prix................................. 2 fr. 50

La Chaleur. Leçons élémentaires sur la thermométrie, la calorimétrie, la thermodynamique et la dissipation de l'énergie, par J. Clerk Maxwell F. R. S., édition française d'après la 8ᵉ édition anglaise, par G. Mouret, ingénieur des ponts et chaussées, avec préface de M. A. Potier, membre de l'Institut, in-16, figures dans le texte. — Prix... 6 fr.

Piles (Voir Accumulateurs-Électrolyse).

Les Piles électriques et les Piles thermo-électriques, par W. Hauck. — Troisième édition française, par G. Fournier, ingénieur-électricien. — 1 fort vol. in-16, orné de 71 fig. dans le texte. Prix. 4 fr. 50

Piles aux Bichromates. Applications industrielles des résidus provenant des piles aux bichromates, par Georges Fournier, ingénieur-électricien (1889), 1 vol. in-12, 58 pages. — Prix.............. 1 fr. 50

Ponts.

Recueil pratique des Moments d'Inertie, à l'usage des ingénieurs et des constructeurs ayant à calculer ou à vérifier les conditions de résistance de tabliers métalliques, suivi de courbes graphiques représentant par mètre superficiel et suivant les portées, le poids moyen des différents tabliers métalliques établis sur les lignes du Nord, par H. Forest, ingénieur civil, chef du bureau des études du matériel des voies et des ouvrages métalliques au chemin de fer du Nord, ancien élève et répétiteur du cours de travaux publics à l'École Centrale des Arts et Manufactures. — 1 volume in-8°, 1877. — Prix..................... **4 fr.**

Traité de Construction de Ponts. Les poutres droites considérées au point de vue des forces extérieures, par D.-E. Winckler, traduit de l'allemand par M. Ch. d'Espine, ingénieur, ancien élève de l'École polytechnique, de Zurich. — Grand in-8°, 252 pages, 123 figures dans le texte et 7 planches. (1872). — Prix.................. **8 fr.**

Le Portugal.

Le Portugal moderne. Étude intime des conditions industrielles du pays, par E. Ackermann, ingénieur civil des Mines, 2 volumes in-12 ;
1re partie : L'industrie minière, 122 pages. — Prix............... **2 fr.**
2me partie : L'Industrie et le Commerce, 125 pages. — Prix....... **2 fr.**

Radiographie.

Le Radium. La Radioactivité. — Rayons Becquerel. — Le Radium. — Propriétés physiques, physiologiques et chimiques. — Origines du rayonnement, etc., in-8° avec figures, par Jean Escard. — Prix... **3 fr.**

Manuel pratique de Radiographie. Pratique des rayons X, par G. Brunel. — 1 vol. in-16, 56 fig., 3me édition. — Prix............. **1 fr. 50**

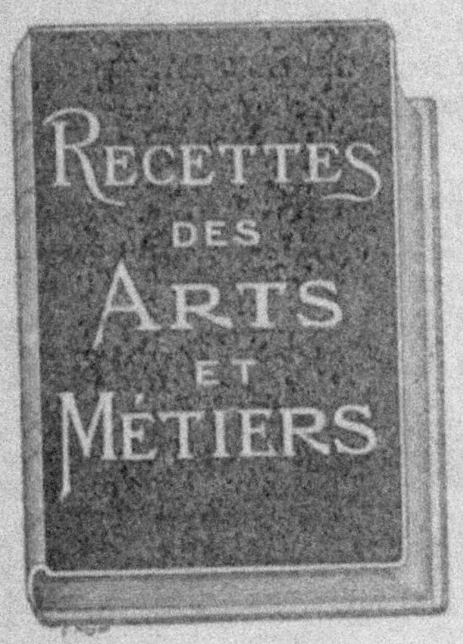

Recettes.

Les meilleures Recettes pratiques, par Daniel Bellet.

1er volume. — *Recettes de la vie domestique*, 740 recettes. — Prix : cartonné dos toile................... **2 fr.**

2me vol. — *Recettes de la Ferme et du Château*, 670 recettes. — Prix : cartonné dos toile................... **2 fr.**

3me vol. — *Recettes des Arts et Métiers*, 530 recettes — Prix : cartonné dos toile..................... **2 fr.**

Savons (Voir Bougies).

Manuel pratique du Savonnier. *Savons communs, savons de toilette, mousseux, transparents, médicinaux, pâtes et émulsions, analyse des savons,* par MM. Calmels et Wiltner, chimistes. — 1 vol. in-16, 26 figures, 3ᵐᵉ édition française. — Prix.................... **4 fr.**

Extrait de la Table des Chapitres : Historique des savons. — Réaction fondamentale de la saponification. — Des matières employées pour la fabrication des savons. — Préparation des lessives alcalines. — Fabrication du savon. — De la saponification en général. — Classification des savons. — Fabrication des diverses sortes de savons. — Savons médicinaux. — Moulage des savons. — Tableaux de cuisson. — Fabrication des savons par la vapeur. — Fabrication des savons de toilette. — Préparation de la masse destinée à la fabrication des savons de toilette. — Description des machines employées pour la fabrication des savons de toilette. — Couleurs et substances colorantes. — Recettes pour la préparation des savons de toilette. — Analyse des savons.

Scieries (Voir Bois).

Soie.

La Soie artificielle. Cellulose. — Soie à base d'alcool, d'acide acétique, d'hydrate de cuivre, de chlorure de zinc, de viscose. — Procédés divers. — Conclusion, par P. Willems, ingénieur des Arts et Manufactures, in-8°. — Prix .... **4 fr.**

Manuel pratique de la Soie. Education des vers. — Filage des cocons. — Cuite. — Assouplissage. — Blanchiment. — Filature des déchets. — Moulinage. — Conditionnement des soies. — Teinture et dorure de la soie. — Par A. Villon, ingénieur à Lyon ; 1 fort volume in-16, nombreuses figures dans le texte. — Prix.................... **6 fr.**

Sonneries Electriques (Voir Electricité).

Album de plans de pose de Sonneries électriques et de Paratonnerres, par H. de Graffigny, 32 plans hors texte, avec explications, in-8°, cartonné dos toile. — Prix......... **2 fr. 50**

Les Sonneries électriques. Installation et entretien, par Georges Fournier, ingénieur-électricien, d'après O. Cantor. — Cinquième édition, revue et corrigée. — 1 volume in-16, avec 59 figures dans le texte. — Prix .... **2 fr. 50**

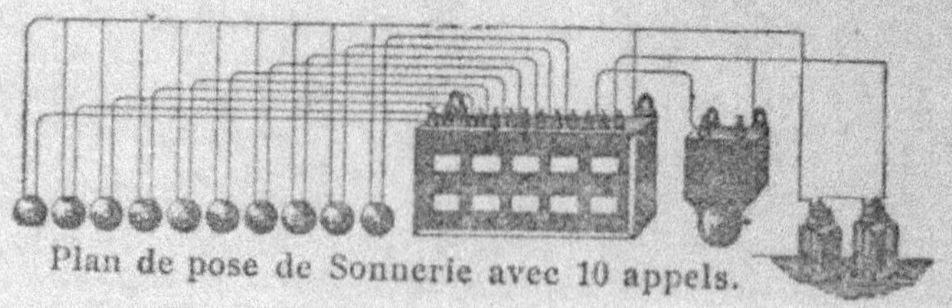

Plan de pose de Sonnerie avec 10 appels.

Sonneries électriques, Paratonnerres. Sonneries, Mécanisme. — Les piles. — Installations des sonneries simples, tableaux indicateurs. — Lignes aériennes. — Paratonnerres, etc., par H. ZÉDA. In-16, 98 figures. Cartonné dos toile. — Prix...................... **2 fr.**

Soude.

La Soude Electrolytique. — Théorie. — Laboratoire. — Industrie. — Problème de la soude électrolytique. — Tension de décomposition. — Le phénomène de Hittorf. — Théorie des électrolyseurs à diaphragmes. — L'anode. — Le diaphragme. — Méthode avec diaphragmes. — Méthode avec circulation. — Méthode avec cathode de mercure — Méthode par fusion ignée. — Technique de l'électrolyse. — Elaboration du chlore. — Elaboration des alcalis. — Utilisation de l'hydrogène. — Prix de revient. — Etat actuel de l'industrie des alcalis électrolytiques, par André BROCHET, docteur ès-sciences. — 1 volume in-8° de 274 pages et 60 figures dans le texte. — Prix, broché .... **10 fr.**

Sucre.

Fabrication du Sucre (Traité complet théorique et pratique de la). — Guide du fabricant, par le Dr Charles STAMMER ; 1 volume gr. in-8° 718 pages avec 165 figures, nombreux tableaux dans le texte et 3 planches (1875). Cartonné toile anglaise. — Prix..................... **20 fr.**

Manuel pratique de Diffusion. Historique. — Théorie. — Diffusion. — Contrôle. — Rendements. — Devis. — Installation, par ELIE FLEURY et ERNEST LEMAIRE. — In-8° (1880). — Prix réduit ... **3 fr.**

Tabac.

Tabac. Description historique, botanique et chimique. — Climat. — Culture. — Frais. — Produits. — Mode de dessiccation. — Séchoirs. — Conservation. — Commerce ; par V.-P.-G. DEMOOR. — In-18, 130 pages, 20 figures. — Prix................................... **2 fr.**

Téléphonie pratique. Historique du téléphone. — Matériel et appareillage pour les lignes téléphoniques. — Les téléphones domestiques. — La téléphonie à grande distance. — Installation des réseaux téléphoniques. — Les bureaux téléphoniques centraux. — Défauts et réparations, etc., par H. ZÉDA. In-16, 81 fig. Cartonné dos toile.. **2 fr.**

Album de Plans de pose d'Installations téléphoniques, par H. de GRAFFIGNY, 32 plans hors texte, avec explications, in-8°, cartonné dos toile. — Prix.. **3 fr. 50**

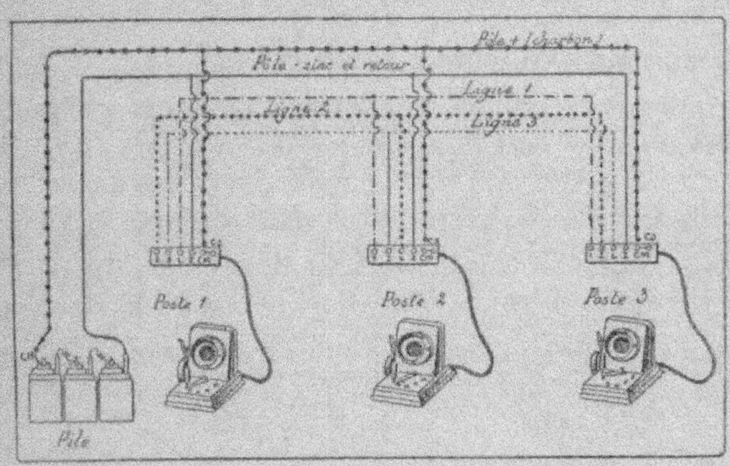

Tissage. — Laine. — Industries textiles.

Manuel de Filature, par J. DANTZER, professeur de Filature et de Tissage à l'Institut Industriel de Lille et à l'Ecole des Arts Industriels Roubaix.

1re PARTIE. — Mécanique et principes généraux de la filature des textiles. — In-16, 90 figures. — Cartonné dos toile. — Prix................ **2 fr.**

2e PARTIE. — Culture, rouissage, teillage et filature du lin. — In-16, figures 91 à 141. — Cartonné dos toile. — Prix.................... **2 fr.**

3e PARTIE. — Filature du lin. — In-16, figures 142 à 180. — Cartonné dos toile. — Prix .... **2 fr.**

Self-Acting. Métier à filer automate de PARR-CURTIS, par PARR-CURTIS, traduit et annoté par Paul DUPONT, professeur à l'Ecole de Tissage de Mulhouse, 1 volume grand in-8° avec 4 planches coloriées, 1880. — Prix.. **3 fr. 50**

Travail des Laines Cardées. Cardage et filage, par A. Lorisch
édition française, par H. Danzer, ingénieur; in-8°, 86 pages et 52 figures
(1885). — Prix.. **3 fr**

Tourbe.

La Tourbe. Son extraction et son emploi comme combustible industriel, guide pratique de la fabrication des briquettes de tourbe et pour
leur utilisation générale en métallurgie, en verrerie, en cristallerie et
pour le chauffage au gaz, par M. Lencauchez. — 1 vol. grand in-8°, avec
atlas in-4° de 17 planches doubles. (1861). — Prix............ **7 fr. 50**

Tramways (Voir CHEMINS DE FER).

**Manuel pratique de Traction des Tramways élec-
triques,** par Georges Daussy, chef de l'exploitation des tramways de
Toulon, in-8°, planches et figures Cartonné toile anglaise. — Prix **5 fr.**

Tramways et Chemins de fer électriques. Généralités sur
la traction électrique. — Traction par prise de courant électrique. —
Système moteur. — Traction par accumulateur. — Traction par système générato-moteur. — Chemins de fer à traction électrique. —
Traction par unités multiples. — Métropolitain de Paris. — Traction par
courants alternatifs. — Traction électrique sur routes. — Chemin de
fer électrique suspendu, par R. Marie. In-16, fig. Cart. dos toile.
Prix.. **2 fr.**

Transport de la force.

Le Transport de la Force par l'Électricité, par Ed. Japing,
ingénieur-électricien. — Troisième édition française. — Annotée et augmentée de la description des plus récentes applications du Transport de
la force, par M. Marcel Deprez, membre de l'Institut. — 1 volume in-16,
avec 49 figures dans le texte. — Prix............................ **5 fr.**

EXTRAIT DE LA TABLE. — Introduction du transport de la force en
général et en particulier du transport de la force par l'électricité. —
Forces naturelles propres à être transmises par l'électricité. — Machines
électriques pour la production du courant électro-moteur. — Théorie de
la transformation du courant en travail. — Considérations théoriques
concernant le rapport de la force à de grandes distances. — Emploi des
machines électriques. — Les conducteurs électriques. — La propagation
et la distribution du courant électrique. — Distribution du courant
électrique. — Transformateurs et accumulateurs. — Procédé pour dimi-
nuer les pertes d'énergie. — Applications industrielles. — Rendement
économique du transport de la force par l'électricité. — Appendice. —
Nouvelles expériences du transport de la force.

Urine.

Manuel pratique de l'Analyse de l'Urine. Instructions pour

l'examen chimique de l'urine ainsi que pour la préparation artificielle
de l'urine pathologique nécessaire pour les besoins des exercices pratiques et de l'enseignement; avec un appendice : Analyse des sucs gas-
triques, par le professeur Dr LASSAR KOHN, traduit de l'allemand, d'après
la 3e édition, par Eug. ACKERMANN. — Prix...................... 1 fr. 50

Vannerie.

Manuel pratique de Vannerie. L'art du vannier à la portée

de tous. — Outils et matières premières. — Paniers ordinaires. —
Paniers carrés. — Paniers ronds.—
Paniers ovales. — Paniers plats. —
Paniers à provisions. — Vannerie
de campagne. — Paniers en fibre de
bois. — Paniers et objets de fantaisie. — Enveloppes pour carafes
et bouteilles. — Vannerie de poche.
— Réparation des paniers. — Fau-
teuils en vannerie, par P. HASLUCK
et L. GAUNY. — 1 volume in-8° de
132 pages et 189 fig. — Prix. 3 fr.

Vernis (Voir COULEURS).

Manuel pratique du Fabricant de Vernis. Gommes. —

Huiles. — Térébenthines. — Huiles siccatives. — Vernis gras. — Vernis
à l'essence. — Vernis à l'alcool, par E. COFFIGNIER, 1 fort volume in-16,
avec figures. — Prix.. 5 fr.

EXTRAIT DE LA TABLE DES MATIÈRES. — Matières premières. — Analyses
des gommes. — Résines et linoléates. — Les dissolvants. — Huiles végétales. — Les Térébenthines. — La gomme.— Les résineux. — Fabrication des huiles siccatives. — Diverses cuissons. — Fabrication des vernis
gras. — Analyse et essai des vernis. — Différents vernis à l'essence.
Leur mode de fabrication. — Fabrication des vernis à l'alcool. — Les
principaux vernis à l'alcool. — Vernis mixtes. — Vernis au caoutchouc.
— Vernis à l'eau.

Verrerie.

Douze leçons sur l'art de la Verrerie, par E. PÉLIGOT,

suivies d'une note sur la peinture sur verre, par M. SALVETAT, in-8° avec
figures. — Prix réduit.. 5 fr.

Vinaigre.

Manuel pratique du Vinaigrier. Méthodes nouvelles de fabrication du vinaigre, par Ch. Franche, ingénieur-chimiste. — Un beau volume in-16, nombreuses figures dans le texte. — Prix........ **4 fr. 50**

Extrait de la Table des Matières. — Acide acétique. — Propriétés générales. — Origine chimique de l'acide acétique. — Fermentation acétique. — Choix des liquides pour la fabrication du vinaigre. — Différentes méthodes : Méthode d'Orléans, Méthode Pasteur, Méthode anglaise, Nouvelles méthodes, etc. — Propriétés, traitements, conservation, emmagasinage. — Essai et analyse du vinaigre. — Falsifications.

Vins.

Manuel général des Vins (Nouvelle édition revue et corrigée), par Edouard Robinet (d'Epernay).
Trois beaux volumes in-16, de 1.366 pages et 136 figures. — Prix. **15 fr.**

On vend séparément :

Tome Ier. — Vins rouges. — Vins blancs. — Vins artificiels........ **5 fr.**
Tome II. — Vins mousseux. — Champagnes................. **5 fr.**
Tome III. — Analyse des Vins. — Fermentation. — Falsifications... **5 fr.**

Note sur la fabrication des Vins mousseux dans les pays chauds, par E. Robinet, 1 vol. in-16, 32 pages. — Prix **1 fr. 50**

Sucrage des Vendanges, avec les sucres purs de cannes ou de betteraves, par M. Dubrunfaut, 3e édit. (1880) — Prix réduit. **1 fr. 50**

Vieillissement des Vins et Spiritueux, par Frantz Malvezin. — Prix.................................... **6 fr. 50**

Paris. — Imprimerie Vve Denis, 31, Villa d'Alésia.